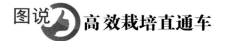 

图说 葡萄 高效栽培

主　编　孙海生　　张亚冰

副主编　高登涛　　张　颖　　郜旭芳

编写人员

程大伟（中国农业科学院郑州果树研究所）

崔东阳（中国农业科学院郑州果树研究所）

樊秀彩（中国农业科学院郑州果树研究所）

高登涛（中国农业科学院郑州果树研究所）

郜旭芳（河南林业职业学院）

李　民（中国农业科学院郑州果树研究所）

姜建福（中国农业科学院郑州果树研究所）

孙海生（中国农业科学院郑州果树研究所）

张亚冰（河南科技大学农学院）

张　颖（中国农业科学院郑州果树研究所）

机械工业出版社

本书以图文并茂的形式详细介绍了葡萄生产中应当掌握的管理技术和注意事项，主要内容包括：葡萄品种介绍，葡萄园建设、改造和更新，葡萄树形培养及其管理，葡萄花果管理，葡萄园土、肥、水管理，葡萄设施栽培和病虫害防治等内容。全书紧密联系实际，内容丰富、系统，语言通俗易懂，技术先进实用，可操作性强，并设有"提示""注意"等小栏目，方便读者更好地掌握葡萄生产的技术要点，以及葡萄生产中遇到各种问题时的处理方法。

本书适合广大葡萄种植户及相关技术人员使用，也可供农业院校相关专业的师生参考阅读。

图书在版编目（CIP）数据

图说葡萄高效栽培：全彩版/孙海生，张亚冰主编．—北京：机械工业出版社，2018.2

（图说高效栽培直通车）

ISBN 978-7-111-59064-4

Ⅰ．①图…　Ⅱ．①孙…②张…　Ⅲ．①葡萄栽培－图解　Ⅳ．①S663.1-64

中国版本图书馆 CIP 数据核字（2018）第 021129 号

机械工业出版社（北京市百万庄大街 22 号　邮政编码 100037）
策划编辑：高　伟　责任编辑：高　伟　孟晓琳
责任校对：黄兴伟　责任印制：孙　炜
保定市中画美凯印刷有限公司印刷
2018 年 4 月第 1 版第 1 次印刷
147mm×210mm·6.625 印张·222 千字
0001—4000 册
标准书号：ISBN 978-7-111-59064-4
定价：45.00 元

前 言
Introduction

　　我国作为世界上鲜食葡萄生产第一大国和葡萄酒主产国，葡萄栽培范围遍布全国。截至2015年，我国葡萄种植面积达到1245万亩，产量达到1260万吨。葡萄已成为振兴地方经济和提高农民收入的重要产业。

　　当前，我国葡萄产业正从传统农业向现代农业迈进，产业模式和生产管理方式正在发生深刻的变革，从过去追逐高产、费工型的生产栽培模式向高品质、省工型的标准化生产模式转变，与此相关的新技术、新方法不断涌现。

　　本书立足我国葡萄产业的发展实际，由中国农业科学院郑州果树研究所孙海生组织相关专家编写而成。编者结合自身建设大型葡萄园区和酒庄的经验，以通俗易懂、简洁明了的语言，辅以大量图片，对我国葡萄生产中的主流栽培管理技术进行了较为详细的讲解，主要包括品种介绍，葡萄园建设、改造和更新，葡萄树形培养及其管理，葡萄花果管理，葡萄园土、肥、水管理，葡萄设施栽培和病虫害防治等内容，力图使广大读者有所收获，帮助大家解决葡萄生产中遇到的一些实际问题。

　　需要特别说明的是，本书所用药物及其使用剂量仅供读者参考，不可照搬。药物学名、常用名与实际商品名称可能有差异，药物浓度也有所不同。建议读者在使用每一种药物之前，参阅厂家提供的产品说明书，科学使用药物。

　　在编写本书的过程中，编者借鉴参考了大量现有的文献资料及专家同行的研究成果，在此表示真诚的感谢。由于编者水平有限，书中错误和疏漏之处在所难免，恳请同行专家和广大读者批评指正。

编　者

目 录
Contents

前言

131 第五章 葡萄园土、肥、水管理

146 第六章 葡萄设施栽培技术

158 第七章 葡萄病虫害防治

第一章

葡萄品种介绍

　　我国现有的葡萄品种有 1000 个左右，生产上常见到的葡萄品种有 100 个左右，大面积栽培的葡萄品种有 30 个左右。这些品种各有特点，本章将对其中栽培面积较大或已经被生产实践检验过的葡萄品种进行简单介绍。

第一节　鲜食葡萄品种

▶▶▶ 一、早熟葡萄品种 ◀◀◀

1. 夏黑

　　欧美种，三倍体无核葡萄，2000 年，我国从日本山梨县植原葡萄研究所引进（图 1-1）。在自然条件下生长的葡萄，果穗圆锥形，平均穗重 400 克，平均粒重 3.5 克。经膨大剂处理后，果穗圆筒形或圆锥形，平均穗重 670 克。果粒着生紧密，近圆形至短椭圆形，平均粒重 9.35 克，大果可达 12 克以上。果皮紫黑色或蓝黑色，着色快，着色一致，果粉厚，果肉硬脆，可溶性固形物含量在 17.3% 以上，品质佳。该品种在郑州地区 4 月上旬萌芽，5 月中旬开花，7 月中旬果实成熟。植株生长势强，花芽分化容易，结果率高，易丰产。抗病性强、果实较耐贮运。夏黑适于棚架独龙干树形或"十"字形架单干水平树形栽培，采用膨大剂处理是栽培成功的

图 1-1　夏黑

关键技术之一。近年来，在葡萄生产上又选育出一些夏黑葡萄的芽变品种，如早夏无核等。

2. 黑巴拉多

　　欧亚种，是日本甲府市的米山孝之用米山 3 号与红巴拉多杂交选育出

的葡萄新品种（图1-2）。果穗圆锥形，平均穗重500克。果粒长椭圆形，着生中等紧密，平均粒重10.5克。果皮紫红色，较薄，不易剥离。果肉脆，可溶性固形物含量为19%，具有玫瑰香味。每个果粒含种子1～3粒，以2粒居多。果柄细而柔软，果刷较长，与果实结合牢固。该品种在郑州地区4月上旬萌芽，5月中旬开花，7月下旬果实成熟。该品种植株生长势中庸，易丰产。抗病性中等，果实较耐贮运。黑巴拉多适于"十"字形架单干水平树形栽培，中短梢修剪。保护地促早栽培，更能发挥该品种早熟的优势。

3. 京亚

欧美种，由中国科学院北京植物园选育（图1-3）。果穗圆锥形或圆柱形，平均穗重470克，最大穗重892克。果粒着生中等紧密，椭圆形，平均粒重9克，最大粒重12.6克。果皮紫黑色，中等厚，果肉较软，味甜多汁，略有草莓香味。可溶性固形物含量为13.5%～15.5%，品质中等。该品种在郑州地区4月上旬萌芽，5月中旬开花，7月下旬果实完全成熟，从萌芽到果实成熟约需111天。植株生长势中等，枝条成熟度好。抗病性、适应性强。京亚适于"十"字形架单干水平树形栽培，中短梢修剪。该品种着色快，退酸慢，果实应适当晚采。在生产上还选育出一些京亚的芽变品种，如洛浦早生等。

图1-2 黑巴拉多

图1-3 京亚

▶▶▶ 二、中熟葡萄品种 ◀◀◀

1. 红艳无核

欧亚种，由中国农业科学院郑州果树研究所培育（图1-4）。果穗圆锥形，平均穗重 1200 克。果粒成熟一致，着生中等紧密，椭圆形，平均粒重 4 克，最大粒重 6 克，经赤霉素处理后可达 10 克。果粒与果柄难分离。果粉中厚。果皮深红色，无涩味。果肉中到脆，汁少，有清香味。无核。不裂果。可溶性固形物含量在 20.4% 以上，品质佳。该品种在郑州地区 4 月上旬萌芽，5 月上旬开花，7 月中旬果实开始成熟，8 月上中旬果实充分成熟。植株生长势中等偏强，花芽分化容易，结果率高，易丰产，花果管理简单。抗病性中等偏弱，果实耐贮运。适合在温暖、雨量少的气候条件下露地种植，棚、篱架栽培均可，以中短梢修剪为主。

图 1-4　红艳无核

2. 巨峰

　　欧美种，原产于日本，由大井上康育成（图 1-5）。果穗圆锥形，带副穗，平均穗重 400 克，最大穗重 1500 克。果粒着生中等紧密，近圆形或椭圆形，平均粒重 8.3 克。果皮紫黑色，果粉厚，果皮较厚，有涩味。果肉软，有肉囊，汁多，味酸甜，有草莓香味。每个果粒含种子 1~3 粒，多为 1 粒，种子与果肉易分离。可溶性固形物含量为 16.0% 以上，品质佳。该品种在郑州地区 4 月中旬萌芽，5 月上旬开花，8 月中旬和下旬果实成熟，从萌芽至果实成熟约需 137 天。该品种适应性和抗病性强，在我国南北各地均可栽培，但易出现落花落果问题和大小粒现象。巨峰葡

图 1-5　巨峰

萄是我国的主栽葡萄品种，棚、篱架栽培均可。目前，种植者选育出一些巨峰的芽变品种，如辽峰、宇选 1 号等。

3. 金手指

　　欧美种，由日本葡萄育种家原田富一氏于 1982 年杂交育成（图 1-6）。果穗长圆锥形，平均穗重 500 克。果粒着生中等或偏紧，长椭圆形，略弯曲，呈弓形，平均粒重 8.5 克，最大粒重 13 克。果皮薄，黄绿色，果粉厚，

果肉软硬适中，味甜爽口，无酸味，稍有玫瑰香味。可溶性固形物含量为20.0%，品质优良。每个果粒含种子1~3粒，种子与果肉易分离。该品种在郑州地区4月中旬萌芽，5月上旬开花，8月下旬果实成熟，从萌芽至果实成熟约需140天。植株生长势中庸偏弱，始果期早，抗病性与巨峰大致相当，但该品种在秋季易出现贪青徒长现象，冬季植株的抗冻性下降。金手指适于"十"字形架单干水平树形栽培，以中梢修剪为主。

图1-6 金手指

4. 户太8号

欧美种，是陕西西安葡萄研究所从奥林匹亚中选出的一个早熟芽变品种（图1-7）。果穗圆锥形，带副穗，平均穗重600克。果粒着生中等紧密，圆形，平均粒重10.4克。果皮紫红色，果粉厚，果实充分成熟后，果皮易与果肉分离，肉质较软，含糖量可达17.3%以上，含酸量0.5%，味甜爽口，品质中等。每个果粒含种子1~2粒，种子与果肉易分离。该品种在郑州地区4月上旬萌芽，5月上旬开花，8月中下旬果实成熟，从萌芽至果实成熟约需140天。植株生长势强，副梢易形成花芽，一年可结多次果，抗病性与巨峰大致相当，但也易出现落花落果问题和大小粒现象。该品种适于多种架式栽培，极短梢或短梢修剪。

图1-7 户太8号

▶▶ 三、晚熟葡萄品种 ◀◀

1. 阳光玫瑰

欧美种，原产于日本（图1-8）。果穗圆锥形，果穗重800~900克。果粒重7~8克，果皮黄绿色至黄色，中等厚，果粉薄，果肉软，可溶性固形物含量为18%~20%，玫瑰香味浓，口感较好，无涩味，品质上乘。该品种坐果性好，不裂果，盛花期和盛花后用赤霉素处理可使果粒无核化，并使果粒增重，果肉变脆。果实耐贮运，无脱粒现象。该品种在郑州地区4月上旬萌芽，5月中旬开花，9月中旬果实成熟。该品种具有生长势强、易成花、抗病性强、果实品质优、易栽培等特点，为近年来全国各地均在大力发展的葡萄品种，栽培面积增加迅速，但该品种病毒病发生严重，易出现生长不良和叶片黄化的问题。阳光玫瑰适于各种架式和树形，中短梢修剪。

图1-8　阳光玫瑰

2. 红地球

欧亚种，由美国加州农业大学于20世纪80年代育成（图1-9）。果穗长圆锥形，平均穗重1200克，最大可达3000克以上。果粒着生中等或偏紧，近圆形或卵圆形，平均粒重10克，果皮红色，稍薄或中等厚，果肉硬脆，可溶性固形物含量为16%。果粒着生牢固，不脱粒，极耐贮运。该品种在郑州地区4月中旬萌芽，5月上旬和中旬开花，7月下旬果实开始着色，9月下旬果实成熟，从萌芽至果实成熟约需160天。植株生长势强，抗病性弱，抗寒性中等偏弱，冬季干旱、风大地区易抽条。红地球适于

图1-9　红地球

棚架独龙干树形或"十"字形架单干水平树形栽培。

3. 美人指

欧亚种，20世纪90年代从日本引入（图1-10）。果穗长圆锥形，平均穗重750克。果粒着生中等紧密，平均粒重12克，果形特别，呈指形，先端紫红色，基部为浅黄色到浅紫色。果肉脆甜爽口，品质极好，可溶性固形物含量可达18%以上。果刷抗拉能力极强，耐贮运。该品种在郑州地区

4月上旬萌芽，5月中旬开花，9月中下旬果实成熟，从萌芽至果实成熟约需160天。新梢生长势极强，枝条不易老化，易感染蔓割病，果实易感染白腐病，叶片易感染霜霉病。美人指适于棚架独龙干树形或"十"字形架单干水平树形栽培，中长梢修剪。

图1-10　美人指

第二节　酿酒葡萄品种

▶▶▶ 一、酿制红葡萄酒的葡萄品种 ◀◀◀

1. 赤霞珠

欧亚种，原产于法国波尔多，原名Cabernet Sauvignon，为我国各葡萄酒产区酿制红葡萄酒的主栽品种（图1-11）。果穗圆柱或圆锥形，带副穗，平均穗重175克。果粒着生中等紧密，圆形，紫黑色，平均粒重1.5克。果皮厚，有悦人的淡青草味。果肉多汁，具有玫瑰香味。酿制的葡萄酒，年轻时往往具有类似青椒、薄荷、黑醋栗、李子等果实的香味，陈年后逐渐显现雪松、烟草、皮革、香菇的气息，色泽深厚，丹宁丰富，结构感强，陈酿潜力强。该品种在郑州地区4月中旬萌芽，5月上旬开花，10月上旬果实充分成熟。植株生长

图1-11　赤霞珠

势强，叶片紧凑厚实，抗病性强，环境适应性强，结实力强，易早期丰产，对不同的架式、树形和修剪方式适应性强。

2. 梅鹿辄

欧亚种，原产于法国波尔多，原名 Merlot，别名美乐，也是我国各葡萄酒产区酿制红葡萄酒的主栽品种之一（图 1-12）。果穗圆锥形，带副穗，平均穗重 189.8 克。果粒着生中等紧密或疏松，短卵圆形或近圆形，平均粒重 1.8 克。果皮紫黑色，较厚，色素丰富。果肉多汁，有柔和的青草香味。用梅鹿辄酿制的葡萄酒呈漂亮的宝石红色，略带紫色，果香浓郁，常有樱桃、李子等果实的香味，酒香优雅，酒质柔顺，早熟易饮。但该品种较少单独装瓶，主要和赤霞珠或少量的品丽珠混合灌装。该品种在郑州地区 4 月上旬萌芽，5 月上旬开花，9 月中旬成熟。植株生长

图 1-12 梅鹿辄

势强，适应性、抗病性较强，早果性好，丰产，对不同的架式、树形和修剪方式适应性强，成熟期比赤霞珠早熟 2～3 周。该品种根系较浅，在干旱和寒冷地区不宜使用自根苗建园。

3. 蛇龙珠

欧亚种，原产地和品种来源有争议，在我国各酿酒产区均有栽培，在山东烟台产区栽培面积较大（图 1-13）。果穗歧肩圆柱形或圆锥形，平均穗重 193 克。果粒圆形，平均粒重 1.8 克。果皮紫黑色，厚。果肉多汁，有浓郁的青草香味。果穗和果粒均明显大于赤霞珠。用蛇龙珠酿制的葡萄酒呈宝石红色，柔和爽口，香气和口感与赤霞珠和品丽珠有一定的相似性。植株生长势强，适应性和抗病性较强，耐干旱，喜沙壤土，但其结实力较低，早果性差，果实中晚熟。宜选择沙壤土栽

图 1-13 蛇龙珠

培，黏重土壤会导致树体生长势过强，花芽形成少。因此，选择合适的土壤条件是栽培成功的关键。

二、酿制白葡萄酒的葡萄品种

1. 霞多丽

欧亚种，原产于法国勃艮第（Burgundy），原名 Chardonnay，别名霞多内，是我国各葡萄酒产区酿制白葡萄酒的主栽品种（图1-14）。果穗歧肩圆柱形，带副穗，平均穗重142.1克。果粒着生极紧密，近圆形，黄色或绿黄色，平均粒重1.4克。果皮薄，粗糙。果肉软，汁多，味清香。用该品种酿制的白葡萄酒，年轻时呈麦秆黄，具有浓郁的水果香和花香，口感清新活跃；陈酿后呈金黄色，有香草、蜂蜜、奶油和烤面包的香味，口感丰满柔和。该品种还用于酿制起泡酒。植株生长势强，适应性强，早果性好，结实力强，易早期丰产，果实中晚熟，抗病力中等，较易感白腐病，应适时采收。

图1-14　霞多丽

2. 贵人香

欧亚种，原名 Italian Riesling，别名意大利雷司令，为意大利古老品种（图1-15），在我国酿酒产区均有栽培。果穗圆柱形，带副穗，果穗大小不整齐，平均穗重194.5克。果粒着生极紧，近圆形，绿黄色或黄绿色，有多而明显的黑褐色斑点，平均粒重1.7克。果粉中等厚。果皮中等厚，坚韧。果肉致密而柔软，汁中等多，味甜，酸味少。用该品种酿制的白葡萄酒呈浅黄色或麦秆黄色，具有成熟的水果香味，口感清新爽口，陈酿后，酒体丰满柔和，回味较长。贵人香也可用来酿制甜酒和起泡酒。植株生长势中等，抗病性中等，进入结果期早，丰产，果实中晚熟。该品种耐盐碱，不抗寒，在冀中南部和东部地区，土壤湿度过高，易感染毛毡病和霜霉病，不抗炭疽病。

图1-15　贵人香

因该品种易丰产，栽培中应控制产量，提高果实品质。

3. 雷司令

欧亚种，原产于德国，原名 Riesling。德国酿制高级葡萄酒的品种，在我国山东省烟台地区栽培较多（图1-16）。果穗圆锥形，带副穗，平均穗重190克。果粒着生极紧密，近圆形，黄绿色，有明显的黑色斑点，平均粒重2.4克。果粉和果皮均中等厚。果肉柔软，汁中等多，味酸甜。果实晚熟。用雷司令酿制的白葡萄酒呈浅绿黄色，具有丰富的水果香味，伴有淡雅的花香、蜂蜜香等香气，陈酿后，酒体呈金黄色，酒香复杂，在花香基础上带有轻微的汽油味、成熟的水果香味与蜜香。植株生长势中等，抗病性中等偏弱，早果性较好，产量高，应控

图1-16　雷司令

制负载量。该品种抗寒性较强，耐干旱和瘠薄，适合在干旱、半干旱地区种植，但抗病力较弱，易感毛毡病、白腐病和霜霉病。

▶▶▶ 三、酿制冰酒的葡萄品种 ◀◀◀

威代尔

法美种，英文名为Vidal，是酿造冰葡萄酒的主栽品种，在我国东北和西北地区大面积栽培（图1-17）。果穗圆锥形，带副穗，平均穗重350克。果粒近圆形，平均粒重2.08克。果皮黄绿色，较厚，果粉薄。植株生长势强，抗病性强，早果性好。果实晚熟，从萌芽至果实成熟约需150天，是酿造高质量甜葡萄酒、餐后酒和起泡酒的葡萄品种。用该品种酿造的甜葡萄酒呈浅金黄色，果香浓郁，但入口酸度较高，酒体不丰满，经橡木桶陈酿后，酒体呈亮丽的金黄色，常有柑橘、菠萝、柚子、蜂蜜等香味，入口柔滑，酒体饱满，富有层次，回味持久。该品种抗寒能力明显强于一般欧亚种群葡萄品种，在埋土防寒线附近地区可以自然越冬，但应注意果实白腐病。

图1-17　威代尔

第三节 砧木品种

一、国外葡萄砧木品种

1. SO4

SO4 是德国从冬葡萄和河岸葡萄的杂交后代中选育出的葡萄砧木品种。嫩梢（图 1-18）被白色茸毛，边缘呈桃红色，新梢截面呈棱形，枝条节处呈紫色。幼叶呈古铜绿色，上有丝状茸毛。成龄叶片（图 1-19）中大，呈楔形，黄绿色，叶边缘上卷，叶柄洼呈 V 形，叶脉基部呈桃红色，叶柄及叶脉上有短茸毛。新生枝条较细，成熟枝条深褐色，有棱，枝上无毛，芽较小而尖。卷须长，常分为 3 杈，花雄性。SO4 是抗根瘤蚜、抗根结线虫的多抗砧木，生长旺盛，扦插易生根，并与大部分葡萄品种嫁接亲和性良好，但作为欧美种四倍体品种的砧木时有"小脚"现象。

图 1-18　SO4 嫩梢　　　　图 1-19　SO4 成龄叶片

2. 5BB

5BB 是法国从冬葡萄与河岸葡萄的自然杂交后代中选育出的葡萄砧木品种。嫩梢（图 1-20）梢冠弯曲成钩状，密被茸毛，边缘呈现桃红色。幼叶古铜色，叶片被丝状茸毛。成龄叶（图 1-21）大，楔形，全缘，主脉叶齿长，叶边缘上卷，叶柄洼呈 U 形，叶脉基部为桃红色，叶柄上有毛，叶背无毛。花雌性。果穗小，果粒小，黑色，不可食。新梢多棱，成熟枝条为米黄色，节部色深，枝条棱角明显，芽小而尖。5BB 抗根瘤蚜，抗线虫，耐石灰性土壤。植株生长势强，扦插生根率高，但嫁接亲和性不如 SO4。在田间嫁接部位靠近地面时，接穗易生根和萌蘖。一些地区反映 5BB 与品丽珠等品种嫁接有不亲和现象。

图 1-20　5BB 嫩梢　　　　　　图 1-21　5BB 叶片

⚠ 【注意】 5BB 的抗湿、抗涝性较弱，生产上要予以重视。

≫≫ 二、国内葡萄砧木品种 ≪≪

抗砧 3 号

中国农业科学院郑州果树研究所从冬葡萄与河岸葡萄的杂交后代中选育出的葡萄砧木品种。嫩梢黄绿带浅酒红色，幼叶上表面光滑，有光泽（图 1-22）。成龄叶楔形，深绿色，叶表面泡状突起极弱，下表面主脉上的直立茸毛极疏。叶表面主脉花青素着色中等，下表面主脉花青素着色浅。叶片浅 3 裂。锯齿两侧凸。叶柄洼半开张，V 形，不受叶脉限制。叶柄长，棕红色（图 1-23）。卷须间隔着生。花雄性。枝条暗红色，光滑少分枝，有棱纹，成熟度好。抗砧 3 号生长势极强，产条量是 SO4 的 4~5 倍。根系极抗线虫，高抗葡萄根瘤蚜，耐盐碱，抗石灰性土壤。抗寒性不如贝达，但显著强于 SO4 和 5BB；嫁接亲和性不如 5BB，但与巨峰、赤霞珠嫁接亲和性好。

图 1-22　抗砧 3 号嫩梢　　　　图 1-23　抗砧 3 号成龄叶片

第二章

葡萄园建设、改造和更新

　　建园对葡萄生产者而言是最基础、最重要的一步,在该阶段操作上的每一个失误都将对葡萄园产生长远的影响,并且极难矫正,因此在园址选择、园区规划、土地平整、水电系统建设、品种、架式、树形选择等每个环节都要小心谨慎,聘请专业人士进行论证指导,尽量不犯错或少犯错,为今后的发展打下坚实的基础。

第一节　园址选择

　　葡萄园园址的选择必须慎之又慎,马虎不得,宁可不做,也不能仓促行事,以免为后面的工作埋下大量隐患;轻者收益受损,重者投资失败。在具体选址时,下面的几条建议可以作为参考。

▶▶▶ 一、必须考虑国家、地方政府的相关法规政策和自身人脉 ◀◀◀

　　首先,应注意不同地区的产业政策。近年来,我国根据自身的气候、自然条件和种植习惯,进行了较为严格的产区划分,在不同产区实行不同的产业政策和农业补贴。例如,我国西北地区宁夏回族自治区的银川市、山东省的烟台市实行扶持林果的产业政策,对葡萄生产在土地、农业资金补助、税收等方面都实行优惠政策,并有专门的政府部门帮助发展产业。

　　其次,应注意一些具体的法律、法规。随着我国环保意识的增强和相关法律的健全,国家对山坡荒地、河道荒滩和机井水源都加强了管理,因此在选择葡萄园园址时,要充分考虑当地的法律、法规和环保政策,以免发生冲突,为企业的发展留下隐患。尤其是2015年以来,国家进一步加强了基本农田的"五不准制度",其中的第三条就是"不准占用基本农田进行植树造林,发展林果业。"

　　最后,还要考虑当地的人脉关系。葡萄生产的土地多为农村租赁,土地的安全和稳定也是需要考虑的实际问题。因此在租赁土地前必须与各方面协调好关系,否则麻烦不断。

二、气候条件

尽管葡萄是全国性树种，各种气候条件下均有栽培成功的葡萄园，但不同的气候条件决定了葡萄种植者采用何种类型的种植管理模式和品种选择，从而决定了企业的投资管理成本和后期收益。对葡萄生长有重要影响的气候因素主要有生长季长度、温度以及降水量和降水分布。

1. 生长季长度

对于葡萄而言，生长季长度就是一年中春季到秋季日平均温度大于10℃的连续天数。生长季长度的长短因地而异，一般来讲，纬度和海拔高度越高的地区，生长季长度越短。一般葡萄的生育期是 165～180 天，生长季长度只有达到 165 天才能够保证葡萄果实充分成熟后，葡萄枝条也能够充分成熟，以适应冬天的温度。因此，生长季的长短直接决定了采用何种栽培方式（保护地栽培还是露地栽培）以及何种成熟期的葡萄品种（早熟、中熟还是晚熟）。当然生长季越长，可供选择的栽培方式和不同成熟期葡萄品种的范围也就越大。甘肃省天祝县地处青藏高原边缘，属于大陆性高原季风气候，生长季短于 160 天，红地球葡萄露地栽培无法正常生长，因此当地采用温室延迟栽培（图 2-1），使红地球葡萄在元旦或春季上市。西藏林芝地区由于生长季短，晚熟葡萄品种露地栽培不能正常成熟，因此采用连栋大棚保护栽培方式，以延长生长季（图 2-2）。

图 2-1　甘肃省天祝县的温室延迟栽培

图 2-2　西藏林芝地区的大棚保护栽培

2. 温度

葡萄需要的最低积温在 2500℃左右。一个地区有效积温越多，品种和栽培方式选择的范围越大。冬季最低温度决定葡萄树是否需要进行越冬防护（在我国主要考虑冬季葡萄树是否埋土及埋土的深度）。图 2-3 所示为河北省怀来地区的冬季葡萄埋土栽培，该地区冬季最低温度低于 –15℃，所有露地栽培的葡萄树在冬季都必须下架埋入土中进行保护。

【提示】 葡萄的生长发育需要一定的热量积累，但不是所有的热量都有用，只有高于10℃的温度，并且连续积累一定天数以后才有用。因此我们将高于10℃的日平均温度与10℃的差值，称为有效温度。连续积累一定天数的有效温度，称为有效积温。

图2-3　河北省怀来地区的冬季葡萄埋土栽培

3. 降水量和降水分布

年降水量主要指一年中的降雨量和降雪量，降水分布则是指各个月份的降水量。对于葡萄而言，生长季干旱、冬季阴雨的地中海式气候最适宜其生长。我国的降水量具有雨热同季的特点，这样雨季便与葡萄成熟期重叠，所以在年降水量大于800毫米的地区最好采用避雨栽培方式；年降水量为600～800毫米的地区，如果选择欧亚种葡萄，最好采用避雨栽培，欧美种则可以采用露地栽培；对于年降水量低于600毫米的地区，如果生长季允许则采用露地栽培。图2-4～图2-7则是不同降水量条件下各地区采用的栽培方式。

图2-4　年降水量低于100毫米的新疆　　图2-5　年降水量为600～800毫米
　　　　地区低矮倾斜式小棚架　　　　　　　　的郑州地区露地栽培的
　　　　栽培的无核白葡萄园　　　　　　　　　　　夏黑葡萄园

图 2-6 年降水量为 600~800 毫米的郑州地区简易避雨栽培的红地球葡萄园

图 2-7 年降水量超过 800 毫米的上海地区大棚避雨栽培的葡萄园

总之，好的气候标准为降水少、温差大、光照强、微风吹、无灾害性天气等。表 2-1 为露地种植葡萄的理想气候条件。

表 2-1 适宜葡萄生产的理想气候条件

	露地自然栽培	露地反季节栽培
生长季长度/天	>180	>180
有效积温/℃	>4000	>4000
最低温度/℃	> -10℃	>0℃
年降水量/毫米	600 左右	600 左右
生长季光照时数/小时	>1200	>1200
果实成熟期日温差/℃	>10	>10

另外，大型山脉、湖泊和水库对其周边地区的气候会有明显的影响。通常大型山脉会产生垂直气候变化，随着海拔的升高，温度降低，生长季变短，如我国云南省由于大型山脉导致的气候变化，出现了许多适宜葡萄种植的小区域，图 2-8 所示为云南省横断山区金沙江河谷地带的葡萄园。大型湖泊和水库会降低夏季的温度，提高冬季的温度，增加空气湿度和降水量。春季温度回升慢，葡萄萌芽推迟，可减轻晚霜危害；秋季减缓降温，可减轻早霜危害。图 2-9 所示为山东省蓬莱地区水库附近的葡萄园，空气湿度明显增大。

图2-8 云南省横断山区 图2-9 山东省蓬莱地区
金沙江河谷地带的葡萄园 水库附近的葡萄园

三、地形、坡向和土壤条件

1. 地形、坡向和位置

葡萄对空气流通的要求远高于其他果树，空气流通比较差的地块会增加霜冻的危害及真菌疾病的侵染。葡萄喜欢排水良好的地块，虽然葡萄比较耐涝，但积水也会导致葡萄根系死亡，严重影响树体生长，并会导致许多病害的侵染发生，所以不要选择易积水的低洼地建设葡萄园（图2-10）。在选择葡萄园园址时，允许机械通行的缓坡地或梯田山地（图2-11）是首选，这些地块昼夜温差大，不易积水，有利于葡萄生长。

图2-10 低洼地建园导致葡萄园 图2-11 蓬莱拉菲酒庄的山地葡萄园
雨后长期积水

在山地和丘陵坡地种植葡萄，应注意3个问题。首先是坡向的选择，南坡向会促进果实成熟，但会增加晚春霜冻危害的风险，北坡向或东坡向减少了霜冻风险，但会推迟果实成熟。最终选择何种坡向一定要由葡萄种植者来决定。其次是雾线的问题，在山区，雾通常发生在某一固定海拔高度之下的地区，这一海拔高度通常被认为是雾线。在雾线下建园，早春和秋季发生的雾会造成葡萄园湿度过大，进而导致葡萄黑痘病、葡萄霜霉病等多种病害的发生；在雾线上建园，则会减轻这些病害的危害（图2-12）。最后是位置的选择，山坡底部冷空气容易堆积，山顶气温下降迅速，都容易发生霜冻危害；山腰处则空气流通，阳光充足，晚秋的霜冻会比山底和山顶来得晚，早春的霜冻结束得早，出现的频率也较低，危害的程度也比较轻，从图2-13可以看出地形和位置对早霜的影响，坡底部的葡萄树受霜冻危害程度明显重于坡中部的葡萄树。

图2-12 建设在雾线以上的葡萄园

图2-13 地形和位置对早霜的影响

2. 土壤条件

葡萄种类繁多，对土壤的适应范围较广，除了砂石土（图2-14，这类土壤保水保肥性差，有机质和矿物质元素极端缺乏）和重黏土（图2-15和图2-16，这类土壤本身透气性差，雨后土壤表面又会形成硬壳，既影响土壤

图2-14 西北地区沙漠戈壁上建设的
葡萄园（由于土壤贫瘠干旱导致
葡萄树栽植后生长极其
缓慢，甚至死亡）

图2-15 淮河以南地区的红黏土

的气体交换，又影响水分的下渗）不适宜种植葡萄外，其他类型的土壤（注意土壤 pH 不能小于 5.5 或大于 8.5，土层厚度不能低于 150 厘米）均可以种植葡萄。但含有较多砾石（直径 2 ~ 20 毫米）、pH 为 6.0 ~ 7.5、土层厚度在 150 厘米以上、有机质含量在 3% 以上的肥沃壤土地，最适合葡萄生长（图 2-17 和图 2-18），这样的土壤疏松透气，土、水、气三相比协调，保肥保水能力强，微生物活跃，肥料有效性高。表 2-2 是关于土壤的一个简单分类及其判定方法的介绍。种植者在选择葡萄园园址前，对土壤的分类及其特性进行简单的了解是非常有必要的。

图 2-16　黄河以北地区的黄黏土

图 2-17　山东省蓬莱地区富含砾石的沙壤土

图 2-18　郑州的沙壤土

表 2-2 土壤的简单分类及其判定方法

土壤类型		判定方法
一级	砂土	能见到或感觉到单个砂粒。干时抓在手中,稍松开后即散落;湿时可捏成团,但一碰即散(图 2-14)
二级	沙壤土	干时手握成团,但极易散落;湿时手握成团后,用手小心拿取不会散开(图 2-18)
三级	壤土	干时手握成团,用手小心拿取不会散开;湿时手握成团后,轻微触动不会散开(图 2-19)
四级	粉壤土	干时成块,但易弄碎;湿时成团或为塑性胶泥,用拇指与食指撮捻不成条,呈断裂状
五级	黏壤土	湿时可用拇指与食指撮捻成条,但往往因受不住自身重量而断裂(图 2-20)
六级	黏土	干时常为坚硬的土块,湿时极可塑。通常有黏着性,手指间撮捻可成长的可塑土条(图 2-15 和图 2-16)

图 2-19 北京富含有机质的壤土

图 2-20 蓬莱富含砾石的黏壤土

四、环境条件、自然灾害和检疫性病虫害

1. 有无污染源

在选择葡萄园园址时,当地的环境条件必须符合国家标准《无公害农产品 种植业产地环境条件》(NY/T 5010—2016)的规定。远离化工厂、化肥厂、冶炼厂、水泥厂(图 2-21)和砂石厂(图 2-22)等有可能污染环境的企业,这些工厂排出的有毒物质不仅会对葡萄果实造成污染,而且会严重伤害葡萄叶片,造成叶片变黄焦枯,影响葡萄树的生长发育,造成产量降低,结果年限缩短,直接影响种植者的收益。

图 2-21 在水泥厂附近建园会受到 严重的粉尘污染　　图 2-22 临近石料厂建立的葡萄园

2. 有无严重的自然灾害和检疫性病虫害

生产上经常遇到的自然灾害主要有台风、洪水、冰雹、泥石流、山体滑坡等,所以在建园时应尽量避开会出现上述自然灾害的地区或地段。在这些地区建园,会增加失败的风险和资金投入。

尽量不要选在有检疫性病虫害的地区建园,葡萄上常见的检疫性病虫害主要有葡萄根瘤蚜、葡萄根结线虫、葡萄根癌病等。如果在上述地区建园,为了预防这些病虫害,必然增加生产成本。

五、水电、交通等条件

葡萄树作为一种相对耐旱、耐涝的果树,对水利条件要求不太严格,但在选择园址时也必须高度重视,因为精确控制灌溉时机和水量不仅是提高葡萄果实品质和产量的重要方法之一,同时也影响葡萄园的运营成本,尤其在干旱产区(图 2-23)。如我国西北干旱产区,供水量往往是制约当地葡萄产业发展的主要因素。另外,葡萄的果实相对于苹果、梨等水果

不耐贮运，大量结果后，及时将果实运出销售也是葡萄生产中最为重要的一环。

⚠ **【注意】** 红地球葡萄之所以能在中国大面积发展，并不是其品质有多好，而是其具有优秀的耐贮运性，这是绝大多数葡萄品种所不具备的。

图2-23　建在云南干热河谷的葡萄园
（由于水源干涸、高温干旱导致葡萄受害）

▶▶ 六、其他因素 ◀◀

在选择园址时，还应考虑该地区的经济水平、劳动力供应情况和社会治安状况；葡萄园周围土地的开发建设情况（在城市郊区建园更应考虑此因素）；葡萄园邻居的反应，以及他们种植作物的种类和管理方式对葡萄生长有无影响；葡萄园内有无敏感设施（如地下是否铺有光缆、电线、天然气管道等，这些都会影响土地平整和园区施工，如图2-24所示，以及其他人的建筑物、树木和墓地，这些因素都极易导致纠纷，影响葡萄园建设，甚至导致投资失败。另外还应考虑地块是否种植过林木或蔬菜，这些林木或蔬菜是否发生过根癌病（图2-25）、根腐病、根结线虫等病虫害。

📢 **【提示】** 在参考上述建议的同时，还要向专业人士咨询，尽量筛选出多个可供选择的葡萄园园址，综合考虑，最终确定出符合要求的葡萄园。在选择园址时，可以充分利用卫星地图提供的便利。对于没有土地选择余地的企业或利用现有土地建设葡萄园的种植者，只能根据当地的自然条件趋利避害，选择合适的葡萄品种和种植模式。

图 2-24 园地内管网纵横，在开挖
定植沟时将输水管道挖断

图 2-25 在发生根癌病的林地上建园，
会导致葡萄根癌病的严重发生

第二节 葡萄园的勘测和规划

▶▶▶ 一、葡萄园的勘测和功能规划 ◀◀◀

1. 葡萄园勘测

对于土地面积超过 100 亩（1 亩 ≈ 667 米^2）的葡萄园，当园址确定后，下一步的工作则是园区勘测，绘制出园区边界，园区内的地形、地貌（包括道路、河流、建筑物、水源、沟渠、管道、沟壑、林木植被等）。

2. 园区功能规划

对于单纯从事葡萄生产的葡萄园，可以简单地将整个园区分为生产区和办公生活区。生产区主要用于田间葡萄种植；办公生活区主要用于日常办公、住宿、物资机械仓储，以及采收果实的分级、整理、包装、贮藏和农用机械的维修保养等。对于小型葡萄园（面积小于 100 亩），办公生活区一般位于园区大门附近，便于来往人员的接待和管理；对于大型葡萄园，办公生活区通常位于园区的中心位置，以方便日常工作，大门处安排专门的门岗和接待处。

对于将葡萄生产与观光旅游结合的葡萄园，则应根据现有的地形和地貌（主要是道路、沟壑、水源、建筑物、林木植被等），结合自身的定位，对整个园区进行功能规划（图 2-26 和图 2-27）。简单来说可以分为以下几个功能区：

（1）**行政办公和游客接待区** 主要用于园区行政人员的日常办公和游客的接待；位于园区的大门附近。

（2）**生产办公区** 主要用于农业生产部分的员工日常办公和来往人员的接待；通常位于园区的一侧，紧邻当地的主干道，独立成区，设有独立的大门和作业通道。

（3）**仓储维修区** 主要用于农用物资机械的贮藏和维修；紧邻生产办公区，需设置专门的看守人员。

（4）**生活区** 主要用于员工的食宿；位于园区的一侧或隐蔽处，位于行政办公和游客接待区与生产办公区的中间位置，方便员工上下班。

（5）**休闲观光区** 游客休闲参观旅游的区域。如果是纯粹的人为建设，一般位于行政办公和游客接待区附近。如果与园区现有的地形、林地植被和地貌结合，最好聘请专业的设计公司进行规划。

（6）**生产区** 主要用于葡萄果实生产。

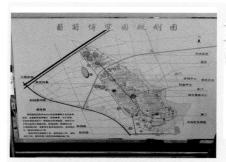

图 2-26 北京延庆世界葡萄
博览园整体规划图

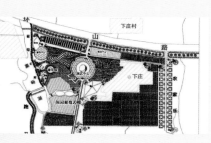

图 2-27 慈云山户太葡萄主题
公园功能规划图（刘兆强 供）

▶▶ 二、生产区规划和道路、水电系统的规划 ◀◀

1. 生产区规划

（1）**种植大区规划** 对于生产区土地面积超过 100 亩的葡萄园，根据生产区内的地形、地貌（主要是道路、沟壑、水源等）划分出不同的种植大区，在进行种植大区区划时一定要利用现有的道路、沟壑形成的自然地块，避免大推大平，可以减少投资和环境破坏。种植大区的面积一般为 50 亩以上，以单台拖拉机驱动的机械打药机一天的工作面积为极限。

【提示】 对于生产区面积小于100亩的小型葡萄园，只需要画个草图，标注出现有的地块边界、水源、道路、地下管网、建筑等内容即可。根据现有的道路、沟壑、灌溉水源、土壤质地和肥力等级规划出面积不等的种植小区即可，不再进行种植大区的规划。

（2）土壤地力等级划分 种植大区规划完成后，按照每3～5亩地一个土壤刨面的标准，在各种植大区内，随机开挖土壤（图2-28），观察土层厚度及土壤类型，然后在剖面的不同土层取样，通常在土层深度为0～25厘米范围内取一个土样，在25～70厘米范围内取一个土样，在70厘米至底部取一个土样，标注好土样的地块、剖面位置、土层深度，送到实验室测定土壤类型、土壤容重［田间自然状态下，单位容积土体的质量（克/厘米^3 或吨/米^3）］、有机质和矿物质元素含量、离子交换力、土壤pH等指标，然后根据这些指标，参照《全国耕地类型区、耕地地力等级划分》（NY/T 309—1996）和各省的耕地地力定级技术规程，

图2-28 土壤剖面及取样

划分土壤地力等级。现将土壤有机质分级标准、矿物质元素分级标准和土壤pH分级标准列出，供大家参考（表2-3～表2-5）。

表2-3 土壤有机质和大量元素养分分级标准

项 目	测定方法	高		中		低	
		1	2	3	4	5	6
有机质/ （克/千克）	滴定法	>50	40～50	30～40	20～30	10～20	<10
全氮/ （克/千克）	凯氏法	>2.5	2.0～2.5	1.5～2.0	1.0～1.5	0.5～1.0	<0.5
水解性氮/ （毫克/千克）	碱解扩散法	>200	150～200	120～150	90～120	30～90	<30

（续）

项　目	测定方法	高		中		低	
		1	2	3	4	5	6
有效磷/ （毫克/千克）	碳酸氢钠法	>40	20 ~ 40	15 ~ 20	10 ~ 15	5 ~ 10	< 5
	盐酸氟化铵法	>30	15 ~ 30	10 ~ 15	5 ~ 10	3 ~ 5	< 3
速效钾/ （毫克/千克）	乙酸铵法	>200	150 ~ 200	100 ~ 150	80 ~ 100	50 ~ 80	< 50

表 2-4　土壤中量元素和微量元素养分的分级标准

项　目	测定方法	高		中		低
		1	2	3	4	5
有效钙/ （毫克/千克）	乙酸铵法	>600	500 ~ 600	400 ~ 500	300 ~ 400	< 300
有效镁/ （毫克/千克）	乙酸铵法	>150	100 ~ 150	60 ~ 100	30 ~ 60	< 30
有效硫/ （毫克/千克）	比浊法	>50	30 ~ 50	16 ~ 30	12 ~ 16	< 12
有效硅/ （毫克/千克）	柠檬酸浸提法	>200	130 ~ 200	100 ~ 130	50 ~ 100	< 50
有效铜/ （毫克/千克）	DTPA 浸提法	>2.0	1.0 ~ 2.0	0.2 ~ 1.0	0.1 ~ 0.2	< 0.1
有效锌/ （毫克/千克）	DTPA 浸提法	>3.0	1.0 ~ 3.0	0.5 ~ 1.0	0.3 ~ 0.5	< 0.3
有效铁/ （毫克/千克）	DTPA 浸提法	>20	10 ~ 20	4.5 ~ 10	2.5 ~ 4.5	< 2.5
有效锰/ （毫克/千克）	DTPA 浸提法	>15	10 ~ 15	5 ~ 10	3 ~ 5	< 3
有效钼/ （毫克/千克）	Tammi 法	>0.3	0.2-0.3	0.15 ~ 0.2	0.1 ~ 0.15	< 0.1
有效硼/ （毫克/千克）	沸水法	>2	1.0 ~ 2.0	0.5 ~ 1.0	0.2 ~ 0.5	< 0.2

表2-5 土壤 pH 分级标准

等级	1	2	3	4	5	6
pH	6.5~7.0	6.0~6.5	5.5~6.0	5.0~5.5	4.5~5.0	<4.5
	7.0	7.0~7.5	7.5~8.0	8.0~8.5	8.5~9.0	>9.0

（3）种植小区的规划 对于规划有种植大区的葡萄园，当种植大区规划好后，如果种植大区内存在沟壑、道路、林带、不同等级土壤质地（分级上差2级的土壤质地，参照表2-2。例如，壤土与粉壤土差1级，壤土和黏壤土则差2级）等自然分界线，则按照这些分界线将种植大区分成若干种植小区，以便于后期建设和管理。如果整个种植大区不存在明显的分界线，则不用进行种植小区的划分。

当种植小区规划结束后，再进行道路系统、水电系统、品种布局等内容的规划，从而形成完整的园区规划图。

2. 园区道路系统、水电系统规划

（1）道路系统规划 道路系统的规划应根据葡萄园的规模而定。面积较小的葡萄园，只需把个别行间适当加宽就可以作为道路使用。对于面积较大的葡萄园，则要进行系统规划。园区的道路可分为大路、中路、小路三级路面。大路贯穿全园，把各种植大区联系起来，道路宽度应在6米左右，便于车辆通行。种植大区内修筑中路，将各种植小区联系起来，中路的宽度为4米左右。在小区内根据需要修筑小路，或直接将个别行间加宽作为小路，小路的具体宽度则根据各园区田间操作的具体需求而定（图2-29）。

图2-29 北京优好国际酒庄的功能区划和道路规划

⚠️ **【注意】** 葡萄园的道路路面应略低于田间的地面，以方便车辆作业和田间排水。

（2）水电系统规划 规划大型葡萄园时，首先要考虑水电问题。动力电应当架设到每个种植大区；灌溉用水的水质应当满足无公害葡萄生产标准的规定，出水口应到达每个种植小区，供水量应当满足3天灌溉1遍全园的需求。

在葡萄生产上，为了节约投资，通常将灌排系统合二为一，旱天灌水，雨天排涝，该系统主要由水源、输水渠（包括干渠和支渠）和灌水沟组成。输水渠一般设置在道路两侧，大路两侧设置干渠，中路或小路两侧设置支渠，葡萄行上设置灌水沟。近年来全国大力提倡节水灌溉，输水渠多被管道代替，但在地下水位浅、降水量大的地区，应在园地四周开挖排水渠，避免雨季积水（图2-30）。

在地下水位浅的地区建园，必须设置专门的排水系统。可以采用修建台田的办法，在行间设置排水沟（图2-31）；还可以在种植小区四周设置支渠（图2-32），种植大区道路两侧设置干渠（图2-33）。排水沟与支渠相连，支渠与干渠相通，形成完整的排灌系统，降低地下水位，也利于雨季排水。

图2-30 未设置排水渠导致
雨后葡萄园被淹

图2-31 葡萄行间的排水沟

图2-32 种植小区两侧的排水支渠

图2-33 种植大区道路两侧的排水干渠

近年来滴灌系统逐渐被广大果农接受，该系统具有节约用水，既可降低田间湿度，又可以和追肥相结合，显著提高劳动效率，降低田间管理用工和费用等优点。滴灌系统主要由供水装置（水井、压力控制罐、过滤装置，图2-34）、施肥装置（图2-35）、输水管道（干、支管）、滴水带（滴水管）

和排水装置五部分组成。滴水部分建议采用耐老化内置式滴灌管，架设在葡萄立柱上，以方便田间作业和延长使用年限（图2-36）。通常每米管带每小时的出水量为13.5~27.0升。目前，滴灌系统已经实现了全自动和智能化，通过计算机设置灌水参数，可以实现自动灌溉。另外需要注意的是，每次使用前和使用后都要对

图2-34 滴灌系统的水源和过滤装置

滴灌系统的过滤器进行清洗，避免堵塞；冬季温度低于0℃的地区，冬季灌水后应将滴灌系统内的积水排干净，防止冻裂。

图2-35 滴灌系统的施肥
和过滤装置

图2-36 架设在葡萄
立柱上的滴灌管

3. 园区美化与安全防护系统规划

（1）园区美化 在建设葡萄园时，一定要将葡萄园的美化考虑在内，对于大型酒庄和葡萄主题公园，可以聘请专业的园林设计公司，将葡萄生产与休闲观光旅游结合起来，提高葡萄园或企业自身的文化品位，同时为企业发展和产品销售增加内涵（图2-37、图2-38）。对于小规模的葡萄园，也可以通过小范围地栽花种草，器物整齐堆放，实现葡萄园的整洁、美观。

图2-37 北京圣露国际庄园

（2）安全防护系统　安全防护系统不仅指围墙，还包括防鸟网（图2-39）、防雹网（图2-40）、防风林或防风布等设施，这些防护设施在规划葡萄园时也应考虑在内。葡萄园四周常见的防护设施有围墙（图2-41）、护栏（图2-42和图2-43）、摄像头和红外线感应器等。

图2-38　北京延庆世界葡萄博览园一角

图2-39　搭建有防鸟网的葡萄园

图2-40　搭建防雹网的葡萄园

图2-41　砖墙和刺绳相结合的防护设施

图2-42　刺玫与网片护栏
相结合的防护设施

图2-43　刺玫和铁艺围栏
相结合的防护设施

另外，对于建在大风区的葡萄园，建议在葡萄园种植大区的四周建立防风林（图2-44），葡萄园种植小区内设置防风布（图2-45），以减少风害。在防风林的设置上，一定要注意林带的厚度，一般不低于10米，林带与葡萄园的间距一般不少于10米。

图2-44　葡萄园设置的防风林　　　图2-45　智利山区葡萄园设置的防风布

第三节　土地平整和改良

▶▶ 一、种植小区的土地平整 ◀◀

1. 种植小区的设计

在葡萄园规划的基础上，各种植小区内的建设，应根据各种植大区和小区的具体情况进行。比如在平地或坡度小于20°的坡地建园，如果土层深，但地面高低起伏不平，可以使用推土机或挖掘机直接顺坡推平；如果土层较薄（图2-46），则尽量以填为主，顺坡整平，避免土层丢失，底层暴露。

在坡度大于20°的山坡地建园，建议修建梯田。通常山坡地内被大型沟壑切割开的独立山坡就是一个种植大区，修建成的每块梯田就是一个种植小区。修建梯田时应注意以下几点：梯田台面应由外向内倾斜，形成外高里低的台面，降水时台面上的水由外向里流，汇集到内侧的排水沟内，再逐级排出园外，从而可以避免雨水冲刷梯田壁。梯田面的长度以不超过200米较为适宜，如果过长，灌水、排水和其他作业均不方便。梯田面的宽度则是越宽越好，但也不能使修建好的梯田壁过高，通常不高于3米。梯田壁的修建一定要牢固，最好用石头砌成（图2-47），如果没有石头，将梯田壁削成垂直面也可以，但要注意经常维护（图2-48）。

图 2-46 土层瘠薄的河滩地

图 2-47 利用平整土地清理出的石块修建的梯田壁

如果感觉修建梯田投资过大，也可以采用葡萄行向与坡向垂直的垄田栽培模式（图 2-49），将葡萄种植在一个宽 60～100 厘米，长度根据地块而定，内部平整的垄田内。

图 2-48 北京的山地梯田

图 2-49 采用垄田栽培的山地酿酒葡萄

2. 种植小区内的土地平整

种植小区内土地平整的具体要求为：首先，将小区内无用的林木、建筑物、垃圾等清理干净，包括地下的树桩和大树根，它们的存在，既不方便后面的田间作业，又容易引起多种共患性病虫害，如根腐病、根癌病和线虫；其次，将高低不平、坑坑洼洼的地面顺坡整平。葡萄种植小区土地平整结束后，最好休耕 1～3 年，尤其前茬是林地的地块，这样做既可以恢复地力，又可以降低共患性病虫害发生的概率。

▶▶ 二、种植小区内的土壤改良 ◀◀

根据对土壤测定获得的土壤松紧度、pH、有机质和矿物质元素含量等指标，对土壤进行改良。在降水量少、地下水位深的地区（多为我国黄河以北地区），土壤改良通常与定植沟开挖结合起来；在降水量大、地下水位浅的地区（多为我国淮河以南地区），土壤改良通常与挖沟台田结合起来。

1. 土壤松紧度的改良

对于土壤 pH、有机质和矿物质元素含量都达标（表 2-3、表 2-4 及表 2-5 所示的 3 等级以上），而土壤松紧度不达标的地块，只需使用挖掘机深翻 60 厘米以上即可。

2. 土壤有机质和矿物质元素含量的改良

（1）有机质和矿物质元素用量的计算　对于 pH 达标，土壤有机质和矿物质元素含量达不到表 2-3、表 2-4 中 3 等级以上的地块，则必须进行改良。可以参考下面的方法：首先根据测定的结果计算出有机质或某种元素测定值与表 2-3、表 2-4 所示的高 2 等级的差值，然后再根据需要改良的土壤深度（全园深翻改良一般深度为 60 厘米，开挖定植沟进行改良土壤深度一般为 70 厘米，台田改良土壤深度一般为 30 厘米）和需要改良的土地面积（可以是整个地块，也可以是地块内的定植沟），计算出土方量，然后乘以土壤容重，计算出该地块的土壤质量（单位为千克），最后用土壤质量乘上前面的差值，就是该地块需要补充的某种矿物质元素或有机质的量。

（2）常见的有机肥和矿物质元素　常用的有机肥种类主要是动物粪便和堆肥，不建议使用未腐熟的动物粪便，原因主要有：

① 未腐熟的动物粪便存在多种病原菌，会加重葡萄病虫的危害，如鸡粪中可能含有禽流感病毒，猪粪中可能含有蓝耳病菌，牛粪中可能含有口蹄疫病菌，这些人畜共染的病害会快速传播，危及人的身体健康。

② 含有马尿酸、尿囊素，不经分解会烧苗，尤其是鸡粪。

③ 可能含有重金属，主要有砷、汞、铅等，会影响农产品质量安全。

④ 可能含有抗生素，会抑制土壤微生物活动，影响土壤微生态环境。

⑤ 有的饲料添加盐分，粪便含盐量较高（如鸡粪），连续使用会导致土壤次生盐渍化。

⑥ 饲料经过动物吸收后，其养分含量已经大大降低。

建议施用高温发酵腐熟后的植物性肥料或畜禽粪便。目前已有商业堆肥的生产销售，在具体购买时，注意索要其产品的检测报告，仔细查看其有机质含量、矿物质元素种类及其含量、肥料的 pH、加工工艺等内容。

表2-6 我国常见矿物质元素肥料及其含量

名称	肥料种类	外观、颜色、气味	含　量
氮	尿素	白色略带微红色固体颗粒，因容易分解，会带有氨气味	含氮46%左右
磷	过磷酸钙	深灰色、灰白色颗粒或粉料	含五氧化二磷14%~20%、钙12%左右、硫9%左右
钾	硫酸钾（水溶）	无色结晶体	含氧化钾50%
钙	过磷酸钙	深灰色、灰白色颗粒或粉料	含钙12%左右、五氧化二磷14%~20%、硫9%左右
镁	硫酸镁	白色结晶体	含镁18.5%左右、硫24.6%左右
硫	造粒硫黄	黄色颗粒	含硫95%以上
铜	七水硫酸铜	浅蓝色结晶体	含铜25%左右
锌	七水硫酸锌	白色结晶状粉末	含锌22.7%左右
铁	七水硫酸亚铁	浅蓝绿色结晶体或粉末	含铁20%左右
硼	硼砂	无色结晶体或白色粉末	含硼15%左右

（3）改良方法　对于准备全园改良的葡萄园，土壤有机质和矿物质元素的调整必须和土壤深翻结合起来进行。首先将肥料撒施到土壤表面，使用大型旋耕机与土壤初步混匀，然后再使用重型拖拉机牵引的可以将土壤深翻0.8米以上的圆滑犁采用纵、横、斜三种方式将土壤进行深翻，使所施的肥料与土壤充分混匀。对于没有深翻犁的地区，也可以使用挖掘机代替。对于台田种植的葡萄园，则可以将肥料撒施到地表，然后用大型旋耕机旋耕3次以上，使肥料和土壤充分混匀即可。

3. 土壤 pH 的改良

（1）土壤改良剂用量的计算　对于 pH 处于 5.5~8.3 范围外的地块，最好不再种植葡萄，若必须种植，可以参照下面的方法进行 pH 调节处理：对于碱性地块，首先要使用硫黄进行调酸试验，取 8 份不同土层等比例混合的土样，每份的重量为 1000 克，然后分别按照 1000:0.1、1000:0.2、1000:0.4、1000:0.6、1000:0.8、1000:1、1000:1.3、1000:1.6 的比例将土样和硫黄混匀，装入 8 个不透水的容器中，灌透水，等土壤湿度降到 60% 时，分别测量 8 个土样的 pH，哪一个土样的 pH 位于 6.0~7.5 之间，并最接近 6.5，就用该比例的数值和该地块需要改良的土壤质量（计算方法参照前文"有机质和矿物质元素用量的计算"内容），得出所需硫黄颗粒的用量。如果试验中没有出现 pH 为 6.5 ~ 7.5 之间的数值，就根据 8 个数值的趋势，调整土样和硫黄的比例，继续试验，直到找出为止。

对于偏酸性土壤的改良，可以使用熟石灰，按照上面调酸试验的方法操作，看哪一个土样的 pH 位于 6.0 ~ 7.5 之间，并最接近 7，计算出熟石灰的使用量。

（2）改良方法　土壤改良剂的使用方法与有机质和矿物质元素的改良方法相同，在具体操作时可以结合起来操作执行。

如果进行全园改良确实有困难，对于采用开挖定植沟栽培的葡萄园也可以采用局部改良的方法，仅对开挖的定植沟进行土壤改良，以后每年进行改良。对于台田栽培的葡萄园，最好一次改良到位。

第四节　葡萄品种和栽培方式的选择

▶▶ 一、葡萄品种的选择 ◀◀

葡萄作为多年生果树，品种繁多（图 2-50）。在发展葡萄生产时，一定要根据当地的自然条件、市场需求和生产管理水平选择葡萄品种。总体而言就是选择易种植、好销售、高效益的葡萄品种。

1. 根据市场需求选择品种

随着商品经济的发展，市场因素逐渐显现，消费需求呈现多样化，葡萄种植者必须注意到这种变化，市场需求已成为发展果品生产、选择品种时必须考虑的因素。20 世纪初，我国江浙地区对大粒脆肉型葡萄品种甚是喜爱，致使红地球这一不适宜南方气候条件的葡萄品

图 2-50　葡萄品种的多样性

种，在当地迅猛发展，并获得显著的经济效益。近年来，人们对脆肉、浓香型葡萄的青睐，造成夏黑、阳光玫瑰等品种大面积发展。同样，前些年的红葡萄酒热，导致我国各葡萄酒产区都发展了大面积的赤霞珠和梅鹿辄。

所以一个企业在发展葡萄生产时要充分了解市场需求情况，选择符合市场需求、商品价值较高的葡萄品种。

2. 根据当地的环境条件和栽培条件选择品种

各地在发展葡萄生产时，必须根据本地区的积温、日照、降水量及其分布、灾害性天气的发生规律等具体条件，合理选择栽培品种。

首先，适宜葡萄生长的有效天数或有效积温是发展葡萄生产和选择葡萄品种时需考虑的关键性因素。有效生长天数较长的地区，比如我国的华北地区，品种选择的范围就广，不同成熟期的品种均可发展；有效生长天数较短的地区，比如我国的东北和西北地区，则应选择早中熟葡萄品种，如果发展晚熟品种，则必须进行设施栽培。葡萄熟期划分的标准见表2-7。

表2-7 不同熟期的葡萄品种自萌芽至果实成熟的天数和有效积温

果实熟期划分	极早熟	早熟	中熟	晚熟	极晚熟
分类标准/天	≤100	101~120	121~140	141~160	≥161
有效积温/℃	2100~2300	2300~2700	2700~3200	3200~3500	>3500

其次是降水量及其分布，我国降水量较少的西北地区可以重点发展品质好的欧亚种葡萄（图2-51）。黄河以南地区，露地葡萄生产则应选择抗病性强的欧美种葡萄，如夏黑、阳光玫瑰等，如果发展欧亚种葡萄，最好采用避雨栽培（图2-52）。我国淮河以南地区在发展葡萄生产时最好全部采用避雨栽培（图2-53），除非选用一些特殊品种，比如原产于我国南方地区的刺葡萄（图2-54）。

图2-51 陕西长武县的红地球葡萄园

图2-52 郑州地区避雨栽培的
圣诞玫瑰葡萄园

图2-53 上海地区的红地球葡萄园

3. 根据当地的土壤条件选择葡萄品种

土壤条件主要包括土层厚度（薄、中、厚）、土壤类型（沙土、壤土、黏土）、土壤 pH（酸性、中性和碱性）、土壤有机质含量（瘠薄、中等、肥沃）等。土层较薄和有机质含量低的葡萄园应选择耐瘠薄、耐干旱的葡萄品种或砧木品种进行嫁接栽培，如葡萄品种夏黑或砧木品种 110R 等；土壤类型为沙土或壤土的葡萄园，选择的葡萄品种范围较大，而土壤黏重的葡萄园则选择范围较小，应选择耐湿、耐缺氧的葡萄品种或砧木品种进行嫁接栽培，如砧木 101-14 等。

对于土壤偏碱的葡萄园，应选择耐盐碱的欧亚种葡萄或砧木品种，如砧木抗砧 3 号、3309 等，欧美种葡萄则比较适宜种植在中性或偏酸性的土壤中，如果种植在盐碱地中，则容易产生黄化现象（图 2-55）。

图 2-54　湖南怀化市临水而建的刺葡萄园　　图 2-55　黏重盐碱地上种植的贝达砧木阳光玫瑰产生的黄化现象

⚠️ 【注意】

1）我国西北干旱地区和东南滨海地区，由于土地普遍盐碱化，贝达砧葡萄苗的使用应慎重。

2）对于存在葡萄根结线虫、葡萄根瘤蚜的地块，必须选择相应的砧木如 SO4、5BB（图 2-56）进行嫁接栽培。

图2-56　5BB砧木的1年生嫁接葡萄苗

4. 根据当地科技、经济等条件选择品种

葡萄树是一种对栽培管理技术要求较高、前期投资偏大的果树，对于初次涉足葡萄生产的投资者，必须考虑自身的经济基础和具备的科技条件，应选择一些投资少、易管理的葡萄品种，进行小面积的投资尝试，待有一定经济基础和管理水平后，再选择一些栽培管理有难度、效益高的葡萄品种。

▶▶▶ 二、葡萄栽培方式的选择 ◀◀◀

1. 我国常见的栽培方式

在我国葡萄生产上，根据是否使用保护设施将葡萄栽培分为露地栽培和设施栽培，其中露地栽培根据冬季是否需要埋土防寒，又可分为露地自然越冬栽培和露地埋土防寒栽培；设施栽培根据生产目的，又可分为促成栽培（图2-57）、延迟栽培和避雨栽培。另外，还有云南、海南特有的四季栽培（图2-58）。表2-8为我国常见的葡萄栽培方式。

图2-57　河北昌黎县的温室促成栽培　　图2-58　云南元谋县的四季葡萄栽培

表2-8　我国常见的葡萄栽培方式

栽培方式	说　明
促成栽培	通过搭建控温设施，使葡萄提早成熟
延迟栽培	通过搭建控温设施，推迟葡萄成熟

（续）

栽 培 方 式	说　　　　明
避雨栽培	通过搭建避雨设施，避免或减少葡萄枝蔓、叶片和果实与雨水的接触，从而减轻部分病害发生程度
露地自然越冬栽培	葡萄树露地种植，冬季不需要防寒保护
露地埋土防寒栽培	葡萄树露地种植，但树体在冬季需要埋入土中进行防寒保护
露地四季栽培	露地种植或通过搭建简易的控温设施，实现葡萄一年四季生长，根据需要，人为控制葡萄萌芽时期，调控葡萄成熟期的一种栽培方式

2. 栽培方式的选择

葡萄栽培方式的选择主要依据温度（有效积温、冬季最低温度）、降水量、葡萄品种和生产目的而定。

(1) 有效积温　如果选择的葡萄品种，在当地其果实不能够充分成熟，则应选择保护地栽培，至于是促成栽培还是延迟栽培，则根据生产目的而定。

(2) 冬季最低温度　如果当地冬季最低温度低于-15℃，除部分具有山葡萄或河岸葡萄血缘的葡萄品种外，都应进行冬季越冬保护栽培。如果是露地栽培，则应在冬季埋土防寒，温室和大棚栽培则应在冬季覆膜保护。

(3) 降水量　降水量大于800毫米的地区最好采用避雨栽培、促成栽培或延迟栽培中的一种。降水量在600～800毫米的地区，种植欧亚种葡萄最好采用避雨栽培、促成栽培或延迟栽培中的一种，具体哪种栽培方式，则应根据生产目的而定；欧美种则可根据自己的需要选择任意一种栽培方式。降水量小于600毫米的地区，则应根据生产目的和冬季最低温度进行选择。如果最低温度低于-15℃，除部分具有山葡萄或河岸葡萄血缘的葡萄品种外，都应进行冬季越冬保护栽培。如果是露地栽培，则应在冬季埋土防寒，温室和大棚栽培则应在冬季覆膜保护。如果最低温度高于-15℃，则根据生产目的进行选择。

第五节　葡萄栽培架式的选择

▶▶▶ 一、我国常见的葡萄架式 ◀◀◀

1. 篱架

这类架式的架面与地面垂直或略倾斜，葡萄枝叶分布在架面上，好似一道篱笆，故称为篱架。篱架在葡萄栽培中应用广泛。其主要类型有单壁篱架、双壁篱架、"十"字形架（T形架）和Y形架等。

（1）单壁篱架和双壁篱架

1）单壁篱架　主要由立柱和其上的拉丝构成，通常立柱长2～2.5米，地上部架高1.5～2米，地下部入土50厘米左右，立柱行间距离为2～3米，行上距离为4～6米，其上架设3～5道拉丝。从地面向上数的第一道拉丝称为定干线，距离地面80～120厘米；第一道拉线再向上的拉丝称为引绑线，间距为40厘米左右，近年来随着滴灌系统的推广，在定干线下距地面50厘米左右还会再架设1道拉线，用于固定滴灌管（图2-59）。葡萄树向上生长，当布满架面后，远看像一道篱笆墙。该架式的主要优点是适于密植，树形成形早，前期产量高，便于机械化管理，其缺点是有效架面较小，光照利用不充分。目前在酿酒葡萄上应用得较为普遍。

2）双壁篱架：双壁篱架是对单壁篱架的改良，将原来定植行上的单行立柱换成间距为60～100厘米等高埋设的双行立柱（图2-60）。通常采用水泥立柱，柱高2～2.6米，柱粗（8～12）厘米×（8～12）厘米，埋入土中50厘米左右，地上部为1.5～2.1米，柱间距（1.5～3）米×（4～6）米。立柱上每隔30～40厘米拉1道铁丝。植株栽在两行篱架中间，枝蔓分别向两侧架面上爬。目前生产上已很少使用这一类型。

图2-59　单壁篱架葡萄园的立柱间距

图2-60　双壁篱架

3）活动式双壁篱架：活动式双壁篱架（图2-61）是我国北方埋土防区开张式双壁篱架的一种改进型架式，在我国云南地区有较广泛的应用，通常行间距为2.8米左右，双壁之间的底部间距40～60厘米，顶部间距60～120厘米，地上部柱高1.8米左右。该架式最大的特点是中柱不埋入土中，而是放置在固定好的水泥墩上，中柱的上部通过铁丝固定到从边柱拉出的钢丝上。中柱的下部可移动，便于进行小拱棚覆盖保湿升温管理。

4）单壁篱架的架材构成和规格：单壁篱架主要由立柱（边柱、中柱、支柱）、拉丝（定干线、引绑线、锚线）和锚石组成（图2-62）。

图 2-61　活动式双壁篱架

图 2-62　水泥材质的单壁篱架

立柱常见的有水泥柱（图2-62）、镀锌钢管柱（图2-63）、镀锌矩钢柱3种。但在部分地区，如我国南方利用当地丰富的竹木资源作为立柱（图2-64），山东蓬莱地区使用石柱作为立柱（图2-65）等。边柱、中柱和支柱可以是同一材质、同一规格，也可以是不同材质、不同规格，但因为边柱要承担主要的拉力，通常比中柱的规格大一些。

图 2-63　钢管材质的单壁篱架

图 2-64　木质材质的单壁篱架

① 立柱的规格：立柱的种类主要有水泥柱、钢柱和木质立柱3种。

a. 水泥柱的规格：边柱粗度为 12 厘米×12 厘米，长度为 200～250 厘米，中柱的粗度为（8～10）厘米×（8～12）厘米，长度为 200～250 厘米。

　　b. 镀锌钢管材质立柱的规格。边柱为直径 7 厘米以上、长度为 200～250 厘米的镀锌钢管；中柱为直径 5 厘米以上、长度为 200～250 厘米的镀锌钢管。镀锌矩钢立柱的规格：边柱粗度为 7 厘米×7 厘米，长度为 200～250 厘米，中柱粗度为 5 厘米×5 厘米、长度为 200～250 厘米的镀锌矩钢。所用的镀锌钢材一定要符合国家相关热镀锌钢管或矩钢的标准要求。

　　c. 木质立柱的规格。边柱直径 15 厘米以上，长度为 200～250 厘米，中柱为直径 10 厘米以上，长度为 200～250 厘米，埋土的下端还必须进行防腐处理。木柱的使用年限较短，尤其是在湿度较大和有白蚁危害的地区使用年限更短。

　　② 拉丝：一般有 3～5 道拉丝，位于最下面的定干线由 1 道拉丝组成，距地面 80～120 厘米，一般采用 12～14 号的镀锌钢丝；定干线上每隔 30～40 厘米再架设 2～3 道拉丝，组成引绑线，通常采用 14～16 号镀锌钢丝。

　　③ 锚线和锚石：主要用来固定边柱，通常锚线采用 12～14 号镀锌钢丝，锚石一般为长、宽、高分别为 40～50 厘米、40～50 厘米、30～40 厘米的预制水泥块（图 2-66），也可以用石块代替。

图 2-65　山东蓬莱地区的石柱

图 2-66　水泥预制的锚石

　　（2）"十"字形架（单"十"字形架、双"十"字形架和多"十"字形架）　通常立柱高 2.3～2.5 米，立柱埋入土中 50 厘米左右，地上部留

1.8～2.0 米，立柱的行上距离、行间距离分别为 4～6 米、2～3 米。如果只在立柱中上部安装 1 道横梁，则叫单"十"字形架（图 2-67）；如果在立柱中上部固定 2 个横梁（通常 1 道横梁固定在立柱的顶部，1 道横梁固定在立柱的中上部，2 道横梁间距 40～50 厘米），则称为双"十"字形架（图 2-68），也有在立柱上架设多道横梁的多"十"字形架（图 2-69）。建园时，横梁两端和立柱地面上 0.7～1.2 米处（定干线），都要牵引上镀锌钢丝，从而形成一个完整的架材系统。

图 2-67　水泥立柱镀锌矩钢横梁的单"十"字形架

图 2-68　使用水泥立柱木质横梁的双"十"字形架

　　该架式与单壁篱架相比具有树体间通风透光、架面空间大、产量高等优点，是葡萄生产中的理想架式。近年来通过对葡萄树形的改变，比如采用倾斜式单干单臂树形，该架式已开始在埋土防寒区推广应用。

　　葡萄所用"十"字形架系统（单"十"字形架、双"十"字形架和多"十"字形架）主要由立柱（边柱、中柱、支柱）、横梁、拉丝（定干线、引绑线、锚线）和锚石组成（图 2-70）。

图 2-69　张裕爱斐堡的多"十"字形架

图 2-70　双"十"字形架的架材系统

1）葡萄立柱常用的材质有水泥、镀锌钢管、镀锌矩钢和竹木等种类。

① 水泥立柱的规格：边柱粗度为 12 厘米×12 厘米，长度为 200～250 厘米，中柱的粗度为（8～10）厘米×（8～12）厘米，长度为 200～250 厘米。在生产中有时会将立柱和横梁使用水泥钢筋一次预制到位（图 2-70）。

② 镀锌钢管立柱的规格：边柱为直径 7 厘米以上、长度为 200～250 厘米的镀锌钢管；中柱为直径 5 厘米以上、长度为 200～250 厘米的镀锌钢管。

③ 镀锌矩钢立柱的规格：边柱粗度为 7 厘米×7 厘米，长度为 200～250 厘米，中柱粗度为 5 厘米×5 厘米，长度为 200～250 厘米。

④ 木质立柱的规格：边柱为直径 15 厘米以上，长度为 200～250 厘米，中柱为直径 10 厘米以上，长度为 200～250 厘米，埋土的下端还必须进行防腐处理。支柱则可以为粗度（8～10）厘米×（8～12）厘米、长度为 200 厘米的上下通直无横梁的水泥柱，也可以为比边柱略短的镀锌钢管或矩钢立柱。

近年来随着简易避雨栽培的大面积应用，在制作葡萄立柱时将边柱和中柱的长度再延长 80 厘米左右，达到 2.5～3.0 米（上部横梁距离立柱顶端为 80 厘米左右），从而将避雨棚的立柱和葡萄架材的立柱合二为一（图 2-71），避免后期的架材改造（图 2-72），即使后期不搭避雨棚也可以用来搭建防鸟网。

图 2-71　避雨棚立柱和葡萄立柱合二为一的双"十"字形架

2）横梁的材质主要有木质、竹质、镀锌角铁、镀锌钢管、镀锌矩钢等。木质和竹质横梁的直径应在 6 厘米以上，镀锌角铁横梁应选择厚度在 0.3 厘米以上的镀锌角铁，镀锌钢管横梁应选择直径在 4 厘米以上的镀锌钢管；镀锌矩钢横梁应选择粗度为 3 厘米×4 厘米以上的镀锌矩钢。

该架式横梁的长短至关重要。生长势旺盛的品种，横梁应适当加长，使引绑后的两侧枝条的夹角角度大于45°（图2-73），以利于缓和树势，促进花芽分化。对于长势较弱的葡萄品种，如京亚、巨峰等，横梁的长度只要使引绑后的枝条与中柱的夹角角度不小于30°即可。通常单"十"字形架的横梁长度为120~180厘米，双"十"字形架的下部横梁长60~120厘米，上部横梁长100~180厘米。

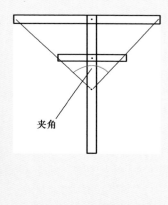

图2-72　后期改造而成的简易避雨棚　　图2-73　引绑后的枝条的夹角

3）对于单"十"字形架而言，拉丝由位于立柱上的1道定干线和位于横梁上的2~4道引绑线组成。位于最下面的定干线距地面80~120厘米，一般采用12~14号镀锌钢丝。如果是2道引绑线，则分别位于横梁的两端；如果是4道引绑线，则分别位于横梁距离中柱的中间位置和两端，采用14~16号镀锌钢丝。双"十"字形架则由位于立柱上的定干线（采用12~14号镀锌钢丝）和横梁两端的引绑线组成，采用14~16号镀锌钢丝。

4）支柱、锚线和锚石与单壁篱架相同。

（3）Y形架　Y形架主要由立柱、斜梁和拉线组成。在葡萄生产上常见的有两种类型：一种类型如图2-74和图2-75所示的标准Y形架，在1个立柱的顶端固定2个张开的斜梁，为了让斜梁稳固，通常使用1个横梁将2个斜梁连接。定干线固定在立柱和斜梁连接的位置，距离地面80~150厘米，引绑线一般为4根，分2层分别位于斜梁的中部和顶端，间距30~45厘米。该架式适宜没有大风危害的地区使用。

图 2-74　低干 Y 形架

图 2-75　高干 Y 形架

另外一种类型是如图 2-76 所示的改良后的 Y 形架，该架式由立柱和立柱上焊接的斜梁和横梁组成。在立柱上拉定干线，距离地面 80~120 厘米，在斜梁上拉 2 层共计 4 根引绑线。该架式结构坚固，适宜在有大风危害的地区使用。

整体而言，该架式的立柱高 2~2.5米，立柱埋入土中 50 厘米左右，立柱的行上距离、行间距离分别为 4~6 米、2~3 米。立柱上拉 1 道拉丝称为定干线，立柱两侧的斜梁上拉 2 层 4 根拉丝，称为引绑线，从而形成一个完整的架材系统。

图 2-76　改良后的 Y 形架

葡萄 Y 形架主要由立柱（边柱、中柱、支柱）、拉丝（定干线、引绑线、锚线）和锚石组成。

1）葡萄立柱常用的材质有镀锌钢管和镀锌矩钢，较少采用水泥材质和竹木材质。镀锌钢管立柱的规格：标准的 Y 形架的边柱为直径 7 厘米以上、长度 1.3~2.0 米的镀锌钢管，中柱为直径 5 厘米以上、长度 1.3~2.0 米的镀锌钢管。改良后 Y 形架的边柱为直径 7 厘米以上、长度 200~250 厘米的镀锌钢管，中柱为直径 5 厘米以上、长度 200~250 厘米的镀锌钢管。镀锌矩钢立柱的规格：边柱为 7 厘米×7 厘米、长度为 200~250 厘米，中柱为 5 厘米×5 厘米、长度为 200~250 厘米。支柱则可以为粗度（8~10）厘米×（8~12）厘米，长度为 150~200 厘米的上下通直的水泥柱，也可以为长度 150~200 厘米、粗度与边柱相同材质的镀锌钢管或矩钢。

2）斜梁一般使用与立柱材质、粗度相同的镀锌钢管或镀锌矩钢，长度一般为 80 ～ 150 厘米。该架式斜梁的开张角度较为重要。生长势旺盛的品种，引绑后的两侧枝条夹角角度应大于 60°，以利于缓和树势，促进花芽分化。对于长势较弱的葡萄品种，如京亚、巨峰等，斜梁的开张角度只要不小于 45°即可。

近年来，在实际生产中为了降低制作难度，通常按照图 2-77 和图 2-78 的样式进行制作，称为改良式 Y 形架。近年来随着简易避雨栽培的大面积应用，利用立柱之间搭建避雨棚的横梁，使用 12 号镀锌钢丝代替图 2-77、图 2-78 样式中的斜梁（图 2-79），则拉线在斜梁上的固定方法参照图 2-80。

图 2-77　架设避雨棚的 Y 形架

图 2-78　带避雨棚的水泥立柱木质斜梁的 Y 形架

图 2-79　用镀锌钢丝代替斜梁的 Y 形架

图2-80　镀锌钢丝代替斜梁的 Y 形架拉线在斜梁上的固定方法

3）拉丝。定干线一般位于立柱和斜梁交汇的地方，一般采用 12~14 号镀锌钢丝。引绑线则分别位于斜梁距离立柱的中间位置和两端，采用 14~16 号镀锌钢丝。锚线和锚石与单壁篱架相同。

2. 棚架

在立柱顶部架设横梁，在横梁上牵引拉丝，形成一个离地面较高、与地面或倾斜或平行或隆起的架面。如果架面倾斜，则叫倾斜式棚架（图 2-81）；如果架面水平，则叫水平式棚架（图 2-82）；如果架面隆起，则叫屋脊式棚架（图 2-83）。棚架又根据是单独架设还是连迭架设，可分为单栋棚架（图 2-81 和图 2-83）和连栋棚架（图 2-82 和图 2-84）。

图 2-81 单栋倾斜式棚架

图 2-82 连栋水平式棚架

图 2-83 单栋屋脊式棚架

图 2-84 连栋倾斜式棚架

棚架比较适于丘陵山地，也是庭院葡萄栽培常用的架式（图 2-85）。在冬季埋土防寒用土较多、行距较大的平原地区，也宜采用棚架栽培。优点是土肥水管理可以集中在较小范围，而枝蔓生长却可以利用较大的空间；在高温多湿地区，高架有利于减轻病害。主要缺点是管理操作比较烦琐，机械作业比较困难，管理不善时易严重荫蔽，加重病害发生。

（1）倾斜式棚架 按照行间距和柱间距的要求埋好立柱后，在立柱顶部垂直行向架设一端高一端低的横梁，顺行向在横梁上牵引数道拉丝，形成一个倾斜状的棚面，葡萄枝蔓分布在棚面上。通常架长 50～100 米，架宽 3～4 米，架根高 1.2～1.6 米，架梢高 1.6～2.0 米（图 2-86）。

图 2-85　山区庭院的倾斜式棚架葡萄

图 2-86　倾斜式棚篱架

　　该架式因其架短，葡萄上下架方便，目前在我国防寒栽培区应用较多。其主要优点是：适于多数品种的长势需要，容易调节树势，产量较高又比较稳产。同时，树体更新后恢复快，对产量影响较小。倾斜式小棚架配合鸭脖式独龙干树形，为埋土防寒区最常见的栽培模式，既可以减轻病虫危害，又有利于埋土防寒。

　　在非埋土防寒区，常将架根提高到 1.5 米以上，在其上拉 2～3 道拉丝，再形成 1 个篱架面，保留部分结果枝组，进行结果，以增加树形培养过程中的产量。生产上称这种改良过的倾斜式小棚架为"棚篱架"（图 2-86）。

　　倾斜式棚架架材主要由立柱（边柱、中柱、支柱）、横梁、拉线、锚线和锚石组成。在采用支柱固定的葡萄园，可以不使用锚线和锚石的稳固系统，但从架材安全性的角度考虑，最好支柱和拉丝固定系统都要有。

　　1）立柱。常见的有水泥柱、镀锌钢管立柱和竹木立柱三种。因为要承担主要的拉力，所以边柱应比中柱的规格大一些，但随着近年来葡萄立柱更多地采用水泥立柱和钢质立柱等较为坚固的材质，为了便于制作和施工，边柱和中柱逐渐采用同一规格、同一材质。水泥柱的规格：边柱粗度为 12 厘米×12 厘米，长度为 200～250 厘米；中柱粗度为（8～10）厘米×（8～12）厘米，长度为 200～250 厘米。镀锌钢管立柱的规格：边柱为直径 7 厘米以上、长度为 200～250 厘米的镀锌钢管；中柱为直径 5 厘米以上、长度为 200～250 厘米的镀锌钢管。支柱材质和规格与中柱相同。

　　2）横梁。材质与立柱相同，主要有水泥横梁、钢质横梁（钢管或矩钢）和竹木横梁。水泥横梁粗度一般为（10～12）厘米×12 厘米以上，长度略大于行宽；钢管材质的横梁则直径为 5 厘米以上，长度略大于行宽；

矩钢材质的横梁粗度则大于 5 厘米 × 5 厘米，长度略大于行宽；竹木横梁的直径则应大于 10 厘米，长度也是略大于行宽。

对于采用水泥材质的葡萄园，可以将立柱和横梁制作成图 2-87 的式样，以便于架材的搭建，该立柱和横梁的设计也可用于水平棚架。

3）拉丝。一般架面上从架根到架梢等距离安装5～8 道 12～14 号镀锌钢丝，用于葡萄树的生长和结果。立柱上安装 1～2 道 14～16 号镀锌钢丝，用于葡萄树的向上生长和临时结果。

4）锚线和锚石。主要用来固定边柱。通常锚线采用 12～14 号镀锌钢丝，锚石一般为长、宽、高为（40～50）厘米 ×（40～50）厘米 ×（30～40）厘米的预制水泥块，也可以用石块等代替。

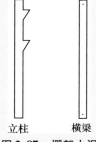

立柱　　　横梁

图 2-87　棚架水泥立柱和横梁的式样

（2）水平式棚架　通常采用柱粗为 12 厘米 × 12 厘米、柱高 2.2～2.5 米的钢筋水泥柱或直径 7 厘米、长度为 2.2～2.5 米的镀锌钢管为支柱。按照行间距和柱间距埋好后，在柱顶按照垂直行向架设横梁，然后顺行向牵引 12～16 号的镀锌钢丝，在架顶形成 1 个水平架面。通常架长 50～100 米，架宽 3～6 米，架高 1.8 米左右（图 2-88 和图 2-89）。水平式棚架的优点是架体牢固，架面平整一致，其缺点是一次性投资较大，架面年久易出现不平。

图 2-88　镀锌钢管材质的连栋水平式棚架

图 2-89　水泥材质的水平式棚架

近年来，随着塑料大棚促成和避雨栽培在葡萄生产上的应用，水平式棚架重新得到重视，搭建时可以直接利用原有搭建大棚的立柱，从而节省架材投资，充分利用棚内空间（图 2-88 和图 2-90）。另外，水平式棚架也常用于停车场或庭院（图 2-91），占天、不占地，充分利用空间。

图说葡萄高效栽培   全彩版

图 2-90　单栋塑料大棚内利用搭建
大棚的立柱搭建的水平式棚架

图 2-91　用于庭院和停车场的
水平式棚架

　　水平式棚架的架材构成和规格参照倾斜式棚架的架材构成和规格，二者的区别在于将横梁水平放置还是倾斜放置。如果采用水泥立柱，可以参考图 2-88。

　　（3）屋脊式棚架　屋脊式棚架与上述两种棚架的主要区别在于立柱顶部的棚面隆起成三角形（图 2-92）、弧形（图 2-93 和图 2-94）或半圆形（图 2-95）。该架式主要用于葡萄园田间道路的美化，既可遮阴，又能生产部分果实。

图 2-92　棚面为三角形的
屋脊式棚架

图 2-93　棚面为轻微弧形的
屋脊式棚架

　　屋脊式棚架的架材构成和规格与水平式棚架类似，二者的区别主要在于横梁，根据需要制作成不同的弧度。

　　3. 篱棚结合的架式

　　篱棚结合的架式，典型的为高干"十"字形篱棚架，也称高干 V 形架或高干 Y 形架，一般采用（3～4）米×（2.5～3.0）米的柱间距和行距。如果采用水泥柱，则边柱高 2.3 米左右，入土 50 厘米，柱粗 12 厘米×12 厘米，距柱顶 5 厘米处有 1 个过线孔，用于牵拉边线；中柱高 2.3 米，粗

图 2-94 棚面为弧形的屋脊式棚架　　图 2-95 棚面为半圆形的屋脊式棚架

8～10 厘米，柱子正顶有深 0.5 厘米左右的"十"字形交叉凹槽，用来放置经纬线，距柱顶 5 厘米处有 1 个过线孔，用于固定经纬线，柱高 1.9 米处有 1 个过线孔；边柱垂直埋设，内有支柱，外加锚线固定，埋设好后，使用直径为 0.5～1 厘米的钢绞线牵拉四周的边线。边线拉好后，再在边柱顶端使用镀锌钢丝或钢绞线牵引经纬线，并用铁丝将经纬线固定，然后顺行向等距离在架顶牵引 14～16 号镀锌钢丝 5～8 根，在立柱上顺行向 1.4～1.6 米处牵引 1 根 14 号镀锌钢丝，形成图 2-96 所示的架形。该架式适用于单干水平树形（图 2-97）。

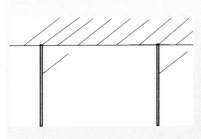

图 2-96 高干"十"字形篱棚架　　图 2-97 水平式棚架演变而成的
　　　　　　　　　　　　　　　　　　　　　高干"十"字形篱棚架

≫≫ 二、葡萄架式的选择 ≪≪

葡萄架式类型繁多，各有利弊。对于栽培架式的选择应从实际出发，根据不同的品种特性、地区气候环境特点、栽培管理水平等多项因素，选择省工、防病的葡萄架式。

1. 必须考虑便于机械化作业和人工管理

葡萄是一种投资较大、管理费工费时的果树，所以在建设葡萄园时，一定要把机械化作业、降低工人劳动强度和难度、节省投资和管理费用放在首位，尤其面积超过100亩以上的葡萄园和酒庄。需要说明的是，决定葡萄树是否易于埋土防寒的关键因素是树形，而不是架式，所以从管理省工、节约成本的角度考虑，建议在酿酒葡萄品种上使用单壁篱架（图2-98和图2-99），在鲜食葡萄品种上使用"十"字形架，部分仍需要人工埋土防寒的地区也可以采用水平式大棚架或倾斜式小棚架，鸭脖式独龙干树形（图2-100）。对于具有观光旅游功能的葡萄园，为了增加园区的观赏性，可以设置部分棚架，占天不占地，充分利用地面空间，又不影响葡萄产量（图2-101）。

图2-98　适宜机械化管理的木质立柱的单壁篱架酿酒葡萄园

图2-99　适宜机械化管理的水泥材质的单壁篱架酿酒葡萄园

图2-100　适宜人工埋土防寒栽培的水平式大棚架，鸭脖式独龙干树形

图2-101　连栋大棚内搭建的水平式棚架，架上结果，架下餐饮

2. 必须契合当地的气候条件、地势地形和所选种植品种的生长特性

选择的葡萄架式必须适应当地的气候条件，在单位面积内容纳最大量

的叶片进行有效光合作用，同时又可以降低病虫和气候危害，有利于树体生长和果实发育，实现丰产、丰收和优质。对于高温高湿的南方地区，适宜选择远离地面、通风透光、散湿的高干大空间架式，比如带有避雨棚的高干"十"字形架、高干 Y 形架（图 2-102）。如果是避雨大棚，也可以采用水平式棚架。在我国西北地区，生长季光照强烈，地面干旱高温，果实和叶片宜发生高温障碍的地区建园，宜采用棚架，在果实上面形成 1 个遮阴层，减少果实接收的辐射，降低温度。同样，对于容易发生霜冻的地区，选择离地面较高的棚架可以降低霜冻的危害（图 2-103）。

图 2-102　留有搭建简易避雨棚空间的高干"十"字形架和高干 Y 形架

图 2-103　距离地面较高的倾斜式棚架

　　选择架式时还要考虑栽培品种的生长特性。种植生长势强旺的葡萄品种或果穗硕大的品种，比如美人指、克瑞森无核，宜选择棚架；对于生长势弱、成花容易的品种，比如京亚、黑色甜菜，可以采用株距 2 米以下的双"十"字形架。美人指、克瑞森无核等长势旺、成花力弱的品种，适宜采用架宽 4 米以上的棚架（倾斜式棚架、水平式棚架和棚篱架）或株距 2 米以上的双"十"字形架，有利于缓和树势，促进成花。而对于那些生长势弱的酒用品种，比如雷司令、黑比诺等，采用大棚架很难获得早期丰产和高产，则宜采用单壁篱架。

　　地势地形对架式的选择也有重要影响。坡度较大的葡萄园、土层较厚的地块，可按照等高线架设篱架，行距不宜超过 2.5 米（图 2-104）；土层较薄的地块，宜顺山坡搭建倾斜式小棚架（图 2-105）；地形、地势起伏变化较大的山地葡萄园，最好采用棚架，既可以充分利用空间，又便于葡萄架

图 2-104　采用单壁篱架栽培的山地酿酒葡萄园

的搭建（图2-106）；庭院葡萄宜采用高架面的棚架，充分利用空间。

图2-105　智利依山而建的倾斜式棚架　　图2-106　湖南黔城依地形搭建的棚架

3. 必须考虑将要采用的栽培方式和管理水平

选择架式时，还应考虑到葡萄栽培中的一些特殊要求。一些套袋栽培的葡萄品种，果实套袋后，果实的光照减弱，为了促进果实着色，所选架式的通风透光条件要好，同时也要有一定的遮阴，以减轻果实日灼病的发生，可选择"十"字形架、Y形架等；为了保持套袋果实的果粉完整，避免果实与枝蔓碰撞摩擦，便于套袋和摘袋，所选架式最好能使果实悬垂到枝蔓下方，比如高干"十"字形架、Y形架、水平式棚架等。

管理水平及劳力情况也是选择架式时必须考虑的因素。劳力充足、管理精细的葡萄园为了追求前期产量可选择棚架中的小棚架、篱架中的单壁篱架，但这些架式都需严格控制新梢、副梢生长，夏季修剪较费工，而且管理稍有疏忽或劳力不济，架面极易出现枝梢郁蔽现象。另外，在采用避雨栽培的地区，为了充分利用棚柱，节省投资，避雨大棚栽培的葡萄园适宜采用水平式棚架（图2-107），采用其他架式则会造成架材的额外投入（图2-108）；而采用简易避雨栽培的葡萄园则适宜采用双"十"字形架或Y形架。

图2-107　利用连栋避雨棚内现有的　　图2-108　避雨大棚内采用双"十"
　　　　　支柱搭建的水平式棚架　　　　　　字形架，造成架材的额外投入

▶▶ 三、葡萄行向、行长和行间距的确定 ◀◀

1. 葡萄行向的确定

（1）种植小区的南北长度 对于南北长度短于 50 米、东西长度又大于南北长度的葡萄园，为了充分利用土地，则适宜采用东西行向。山区的小型梯田，则可采用与山地等高线平行的行向（图 2-109）；如果地块的南北长度大于 50 米，在不考虑其他因素的前提下，篱架均适宜采用南北行向，东西行宽；棚架采用东西行向，南北行宽。

（2）种植小区的坡度 对于未修筑梯田的坡地葡萄园，葡萄园坡度小于 20°，最好顺坡向设置葡萄行向（图 2-110）；坡度大于 20°的葡萄园，最好采用横坡向设置葡萄行向（图 2-104）。

图 2-109　梯田内与山地等高线
平行的葡萄行向

图 2-110　顺坡向设置葡萄行向
的坡地葡萄园

（3）种植小区的光照和风向 对于光照强烈、容易产生高温伤害的地区，如果采用篱架栽培，葡萄行向最好采用东北—西南走向，尽量利用叶片遮挡正午时分的阳光，反之采用西北—东南走向，尽量增加果实的光照时长。对于经常刮大风的地区，葡萄行向应顺风向设置，以减小受风面，降低葡萄架被风吹倒的概率。

2. 葡萄行长的确定

葡萄行长的确定，首先要考虑地块坡度和长度。对于不受地块长度限制的园区，为了防止水土流失，对于坡度在 10°~15°的地块，最大行长不超过100 米，坡度在 15°~20°的地块，最大行长不超过 70 米，如果采用行间生草或覆盖等防止水土流失的措施后，行长可以根据需要进行延长。其次需考虑日常田间作业的方便，对于以人工管理为主的葡萄园，一般行长不超过 100米，行两端留 2~3 米以上的作业道；对于使用大型机械的葡萄园，如果地势平坦，葡萄行长不应短于 120 米，同时为了保证机械的正常使用，每个葡萄行的两端至少留下 6 米以上的作业道。对于受地块长度限制的园区，则根据每个地块的具体形状和长度设置行长，记得留下两端的作业道即可。

3. 葡萄行间距的确定

（1）篱架葡萄行间距的确定 采用篱架栽培的葡萄园，葡萄行间距的确定应遵循以下几个原则。首先葡萄行之间尽量减少遮阴，如果遮阴，也要保证下部的叶片在一天之内拥有 4 小时以上的光照时间（图2-111）。其次要考虑田间机械或工作人员能够顺利通行。最后，在满足前两个条件的前提下，在同一个地块内设计出尽量多的葡萄行，通常行间距为 2.2~3.0 米。

（2）棚架葡萄行间距的确定 棚架葡萄行间距没有严格的要求。如果是露地栽培，主要考虑的是葡萄园的早期产量，通过缩小行间距，增加种植葡萄的行数，使之迅速布满架面，提高前期产量。对于设施内的棚架，则应充分利用搭建设施的支柱，避免架材浪费，节约投资。

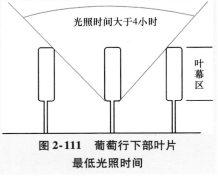

图 2-111　葡萄行下部叶片
最低光照时间

第六节　葡萄苗木的选择、购买和贮藏

▶▶▶ 一、葡萄苗木的种类和选择 ◀◀◀

1. 葡萄苗木的种类和质量标准

目前，我国能够购买到的葡萄苗多为 1 年生扦插苗和嫁接苗（图2-112），关于苗木的质量标准，可以按照农业部发布的《葡萄苗木》标准（NY 469—2001）执行，也可以参见表2-9 和表2-10。

表2-9　葡萄自根苗质量标准

项　目		级　别		
		一级	二级	三级
	品种纯度		≥98%	
根系	侧根数量	≥5	≥4	≥4
	侧根直径/厘米	≥0.3	≥0.2	≥0.2
	侧根长度/厘米	≥20	≥15	≤15
	侧根分布		均匀、舒展	

（续）

项目		级别		
		一级	二级	三级
枝干	成熟度	木质化		
	枝干高度/厘米	20		
	枝干直径/厘米	≥0.8	≥0.6	≥0.5
	根皮与枝皮	无新损伤		
	芽眼数	≥5	≥5	≥5
	病虫危害情况	无检疫对象、根结线虫、蚧壳虫、根癌病和蔓割病		

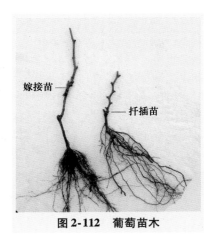

嫁接苗

扦插苗

图 2-112 葡萄苗木

表 2-10 葡萄嫁接苗质量标准

项目		级别		
		一级	二级	三级
根系	品种与砧木纯度	≥98%		
	侧根数量	≥5	≥4	≥4
	侧根直径/厘米	≥0.4	≥0.3	≥0.2
	侧根长度/厘米	≥20.0		
	侧根分布	均匀、舒展		
	成熟度	充分成熟		
枝干	枝干高度/厘米	≥30		
	接口高度/厘米	10~15		

（续）

项　目		级　别		
		一级	二级	三级
枝干	粗度 硬枝嫁接/厘米	≥0.8	≥0.6	≥0.5
	粗度 绿枝嫁接/厘米	≥0.6	≥0.5	≥0.4
	嫁接愈合程度	愈合良好		
	根皮与枝皮	无新损伤		
	接穗品种芽眼数	≥5	≥5	≥3
	砧木萌蘖	完全清除		
	病虫危害情况	无检疫对象、根结线虫、蚧壳虫、根癌病和蔓割病		

2. 苗木的选择

尽管目前生产上普遍使用自根苗，但我们还是提倡根据当地的土壤条件（主要是土壤是否存在葡萄根瘤蚜、根结线虫等土传性病虫害问题）选择适宜的砧木进行嫁接栽培。但同时也要说明的是，不是所有的嫁接苗都好，如果不清楚嫁接苗使用的是什么砧木，或者这些砧木不具有抗根瘤蚜、抗根结线虫的特性，没有进行过砧穗组合实验，这样的嫁接苗还是慎用，使用自根苗可能更稳妥。另外，尽量不要使用营养钵苗（图2-113）。

图2-113　硬枝嫁接繁育的营养钵苗

▶▶ 二、苗木数量的确定 ◀◀

当一个种植小区的葡萄行数确定后，通过确定葡萄行上的株间距（葡萄行上两棵葡萄苗之间的距离），即可获得一个种植小区的苗木使用量。具体公式为：一个种植小区的苗木数量＝［（葡萄行长÷葡萄行上株间距）＋1］×种植小区内的葡萄行数。葡萄行数的确定可参照前面的内容。

我国北部埋土防寒区，因葡萄需要埋土防寒越冬，多采用小棚架，独龙干树形栽培。长势旺的品种，葡萄行上的株间距是1.2米左右；长势弱的品种，葡萄行上的株间距一般为0.8米左右。也可以采用双"十"字形架式，倾斜式单干水平树形栽培。长势旺的品种，葡萄行上的株间距为2米；长势弱的品种，葡萄行上的株间距为1米。

我国北方非埋土防寒区，建议采用双"十"字形架式，单干水平树形栽培。长势旺的品种，葡萄行上的株间距为2米；长势弱的品种，葡萄行上的株间距为1.2米。

淮河以南的广大地区，由于高温多雨，葡萄长势普遍偏旺，采用双"十"字形架式的葡萄园，葡萄行上的株间距为2米，棚架栽培的葡萄园则要根据将来的葡萄树形来决定，通常葡萄行上的株间距为2米。

▶▶ 三、葡萄苗木的购买、运输、检疫和贮藏 ◀◀

1. 苗木订购

当葡萄地土壤改良结束，葡萄品种、苗木类型和数量确定后，下一步的工作是苗木订购。由于国内生产的葡萄苗木质量普遍不高，国外苗木又极难大规模进口，出于长远考虑，最好委托国内具有苗木组织快繁实力的科研或育苗单位，进行定点育苗，购买无病毒组培苗（图2-114），或者向国内有实力的苗木繁育公

图2-114 组培苗

司或科研院所按照国家颁布的苗木标准订购苗木，并且在购苗前对苗木销售单位进行考察。目前国内苗木生产销售的现状相当混乱，最好找科研院所购苗。

2. 苗木检疫和运输

苗木起运前，首先一定要向苗木销售单位索要苗木检疫证，如果没有苗木检疫证，则为非法调运苗木，是要承担法律责任的。其次要对调运的苗木进行保湿保温包装，可以使用外面为编织袋，内衬塑料布的包装材料（图2-115），苗木中间填装湿碎纸或消过毒的湿锯末；葡萄苗木的根系在－5℃时就会受冻，所以苗木调运一定要注意保温。最后，运输时一定要雇佣有资质的物流公司，并进行投保，降低风险。

图2-115　运输葡萄苗时常用的包装材料

3. 苗木消毒和贮藏

（1）苗木消毒　葡萄的很多病原菌和害虫大多潜伏在枝条、芽内和根系等处，因此，购买的葡萄苗木运到目的地后，必须先进行消毒处理，再进行贮藏或修剪后定植。目前常用的消毒液有40%的氟硅唑乳油3000倍液＋80%的敌敌畏乳油400倍液（具体操作为：100千克水加入0.033千克40%氟硅唑乳油，再加入0.25千克80%的敌敌畏乳油，浸泡12～24小时）。

苗木量少时可以在水缸、塑料大盆内进行消毒（图2-116）；苗木量较大时可以在田间挖1个宽1.5米、深0.6米、长度根据苗量而定的长方形大坑，坑内铺设塑料布，然后配制消毒液，把捆好的葡萄苗木放到药剂中浸泡，浸泡时要将苗木的所有部位浸泡到药液以下（图2-117），严禁仅浸泡根部，24小时以后取出晾干后，进行苗木贮藏或修剪后定植。

图2-116　少量苗木使用水缸进行苗木消毒

图2-117　苗木量较大时开挖消毒池进行消毒

（2）苗木贮藏 对于购买苗木量大或不能立即定植的葡萄园，则要进行假植贮藏。对于冬季最低温度高于－10℃的地区，可以在室外选择背风向阳、土层深厚、不积水的地方，挖深0.5米左右、宽1.5～2.0米、长度根据苗木数量而定的假植沟。挖好假植沟后，先在沟底填入一层湿沙或细土，然后将捆好的苗木根系向下与地面成30°～40°半躺于假植沟内，苗木之间要挤紧，但不可重叠，摆放好一层后用湿沙或细土盖住，然后再用同样的方法摆放第二层、第三层……待苗木假植完以后，浇一次透水，然后再把露出根系的地方用沙土盖严。当气温降到0℃以后，苗木上部的枝条也应掩埋并铺设塑料布，进行保湿保温防护。埋土的厚度以使苗木处于冻层以下为准。为了防止假植过程中造成品种混乱，如果量少品种多，除每捆苗木上挂品种标牌外，还应对假植沟内各品种苗木的放置情况做详细记载，起苗时再次核对。如果苗量较大，最好按品种分开假植（图2-118）。

图2-118 葡萄苗木的假植

【提示】 对于冬季最低温度低于－10℃的地区，应选择室内使用细河沙进行假植贮藏。

第七节 葡萄定植沟的开挖和台田的修建

葡萄定植沟开挖或台田，首先要进行的是葡萄定植行放线，该项工作做到位，就为后面的其他工作，如葡萄定植沟开挖或台田、葡萄架材搭建等工作打好了基础。

一、葡萄行放线

下面就以生产上经常见到的四边形、三角形和不规则形地块为例对葡萄行画线定点。

1. 四边形园地的画线定点

（1）行向、行长和行间距的确定 首先使用量绳、指南针和经纬仪，确定该地块的方位和边长，然后根据前面介绍的方法，确定该地块的行向、行间距和行数，以及葡萄行长度、葡萄行两端固定边柱拉线的距离和作业道的宽度。

（2）放线　根据已确定的行向、葡萄行两端固定边柱拉线的距离和作业道的宽度，使用量绳（图2-119）和白色的泥子粉（图2-120）画出两侧的边行，边行两端打上木楔用以标明。然后将两个边行同侧的点连接各放出一条直线，最后再根据行间距放出中间的葡萄行，每个葡萄行两端都要打上木楔，用以标明位置。每个葡萄行与两端直线的交叉点就是每个葡萄行边柱埋设锚石的位点。至此整个地块的葡萄行画线定点工作结束。具体操作可以参照图2-121。

图2-119　用量绳放线　　图2-120　放线用的白色泥子粉

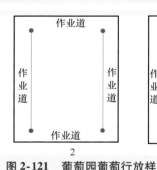
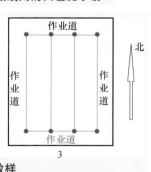

图2-121　葡萄园葡萄行放样

2. 三角形园地的画线定点

（1）确定行向和行间距　首先使用量绳、指南针和经纬仪，确定出该地块的方位和三个边的长度，然后根据前面介绍的方法，确定该地块的行向、行间距和葡萄行数，以及葡萄行两端固定边柱拉线的距离和作业道的宽度。

（2）放线　确定行向后，以行向所对的那条边为底，放出该三角形地块的高，并丈量出该高的长度，然后根据葡萄行两端固定边柱拉线的距离和作业道的宽度，在高线上放出这两个点；在靠近底边的点上放出一条与高垂直的直线，直线两端与两条边相交；然后以高为中间的葡萄行，根据确定的行间距和作业道与固定边柱拉线的距离，放出两侧的边行（图 2-122-2），再将两个边行靠近三角形顶角的一端，与高上靠近顶角的用来标示作业道和固定边柱拉线距离的点，用直线连接（图 2-122-3）；最后根据确定好的行间距放出两个边行中间的葡萄行（图 2-122-4）。

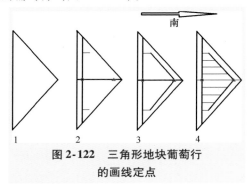

图 2-122　三角形地块葡萄行的画线定点

3. 不规则地形园地的画线定点

所有不规则地形地块，通过对作业道单侧取直后，都可以将其看作四边形或三角形，或者它们的组合。参照前面介绍的方法，结合图 2-123 和图 2-124，即可完成画线定点工作。当然也可以像图 2-125 那样进行画线定点，只不过操作的难度会更大些。

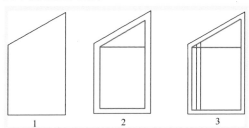

图 2-123　由长方形和三角形组合成的不规则地块的葡萄行的画线定点

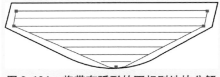

图 2-124　将带有弧形的不规则地块分解成四边形和三角形后进行画线定点

图 2-125　将带有弧形不规则地块进行弧形葡萄行的画线定点

▶▶ 二、开挖定植沟 ◀◀

对于未进行土壤深翻改良的葡萄园，必须开挖定植沟。定植沟的规格为：宽70厘米左右（与使用的挖掘机铲宽度相当），长度与葡萄行长相当，深度在60厘米以上。具体方法为：按照前面土壤改良章节的内容，计算出有机肥、矿物质元素和改良剂的使用量。首先将所有肥料混匀，条状撒施到定植行上，宽度和长度均与定植沟的标准大致相当（图2-126），然后使用旋耕机旋耕混匀2次（图2-127），之后使用挖掘机开挖定植沟（图2-128）。定植沟开挖好后，使用旋转犁开挖灌水沟，然后灌水沉实（图2-129）。等表层水分晾

图2-126 条施底肥

干后，再使用旋耕机将灌水沟旋平（图2-130）。如果地块需要沟栽，可以再次使用旋转犁，开挖出一条沟。至此定植沟的开挖工作即告结束。

图2-127 旋耕混匀肥料

图2-128 使用挖掘机开挖定植沟

图2-129 定植沟灌水沉实

图2-130 定植沟平整

三、修建台田

对于地下水位浅或容易积水的葡萄园，土地平整后，还应修建台田（图2-131和图2-132）。具体做法为：按照前面土壤改良章节的内容，计算出有机肥、矿物质元素和改良剂的使用量，混匀后全园撒施，然后用大型旋耕机全园旋耕2～3次，与土充分混匀后，进行定植行画线。然后以两个定植行的中间为界，将所有旋松的土壤堆积到定植行上，修成一个高40厘米左右、上宽1米左右、下宽1.5米、长度与定植行等长的条台地，故称台田。将葡萄定植到台田上，葡萄行间再开挖一个深30厘米左右、宽30厘米左右的排水沟。这样既可以提高葡萄定植位置，又可以降低地下水位。

图2-131 广西资源县台田种植的葡萄园　　图2-132 江苏泰州台田种植的葡萄园

第八节 葡萄苗木的定植

一、定植坑的开挖

当葡萄定植沟开挖或台田修建完成后，应根据确定好的葡萄行上的株距，在定植沟或台田上开挖定植坑。首先根据葡萄行两端的木楔，使用量绳和白色的泥子粉放出定植行线，以整个种植小区为单位（如果地块平整，甚至可以以种植大区为单位），根据葡萄行上的株距确定两侧边行上的定植坑位置，然后使用量绳以两个边行上的定植坑为端点拉直线，量绳与每个定植行线的交叉点就是该定植坑的位置，撒上泥子粉进行标记（图2-133）。确定定植坑的位置后，使用树坑机开挖出一个深15厘米左右、直径10～15厘米的树坑（图2-134）。

图 2-133 定植坑的定位和开挖

图 2-134 开挖好的定植坑

▶▶ 二、葡萄苗木定植 ◀◀

1. 苗木定植时间

在我国埋土防寒区，由于冬季寒冷，葡萄苗只能在春季进行定植。但在非埋土防寒区，则分为秋栽和春栽两种。秋栽是在葡萄苗木落叶后，土壤上冻前定植。春栽是在土壤解冻后至葡萄萌芽前进行定植。秋栽和春栽各有利弊，秋栽的葡萄苗发根早、萌芽晚，但冬季需要覆土防寒和人员看护，以防丢失；春栽的葡萄苗萌芽早、发根晚，但不需要冬季防护。建议实行春栽，当温度回升，土壤化冻后，尽量早栽快栽。

2. 苗木修剪、浸泡消毒

当确定苗木定植时间后，把购买或贮藏的苗木取出，首先对其进行修剪，将苗木根系修剪成 10～15 厘米的长度，然后将苗木浸泡到清水中或按1∶300 的比例使用 40% 辛硫磷乳油配制的消毒液中，24 小时后取出沥水，进行保湿处理备用。

3. 苗木定植

首先根据园区品种布局和工人的工作量，确定定植的葡萄品种和苗木数量，进行人员分工，做到取苗、摆苗、定植同时进行，尽量减少苗木晾晒时间（图 2-135）。栽植时，首先要将苗木扶正，前后左右对齐，根茎部与地面等高，然后边埋土边轻轻向上提苗，当培土与地面等齐后，踩实土壤（图 2-136）。

图 2-135 定植前按照品种布局摆放苗木

图 2-136 苗木定植

4. 苗木灌水和铺设地膜

每定植完 1 行，就要进行人工或机械起垄（图 2-137），起垄结束后立即浇水，不等水干就要铺设地膜（图 2-138）。铺膜时，一般需要 4～5 个人，1～2 个人放膜，1 个人放苗，2 个人压膜。每铺到 1 棵葡萄苗上方时，便在苗木上方的薄膜上打 1 个孔，使苗木露出薄膜，然后用土将露苗孔四周的薄膜压实。

图 2-137 起垄打畦

图 2-138 铺设地膜

对于春季地温回升快的地区，比较适宜选用黑色地膜，既可以保湿，又具有一定的防治杂草的作用（图 2-139）；对于春季地温回升慢的地区，适宜采用白色地膜（图 2-140），增温保湿。需要注意的是，不管什么颜色的地膜，都应购买至少可使用 3 个月以上的抗老化加厚膜。

图 2-139 葡萄行上覆盖黑色地膜

图 2-140 白色地膜下铺设滴灌管带

第九节 葡萄架材的搭建

在建设大型葡萄园区时，能够使用的葡萄架形主要有单壁篱架、双"十"字形架、改良式 Y 形架、倾斜式棚架和水平式棚架。

>>> 一、葡萄架材的准备 <<<

在搭建葡萄架材前，首先要根据所选用的架式，将其构件罗列出来（如边柱、中柱、支柱、拉线、锚线、锚石等），然后再将各构件的规格确定下来，具体参照前面各架式的架材构成和规格，最后确定每个种植小区（具体到每个地块）具体架材各构件的数量。

确定每个种植小区各架材构件的数量时，可以参照下面的方法：首先对采用篱架（单壁篱架、双"十"字形架、改良 Y 形架）栽培的葡萄园，一行葡萄树就需要一行葡萄架，每行葡萄树种植的长度也就是该行葡萄架材需要搭建的长度。通常每行架材需要 2 个边柱、2 个支柱、2 根锚线、2 个锚石、1 道定干线、3~4 根引绑线（单壁篱架需要 3 根、双"十"字形架和 Y 形架需要 4 根），每行葡萄中柱的数量则为葡萄行长÷葡萄行上柱间距 −1（如果遇到非整数，则四舍五入）。一个种植小区各架材的数量则用上面的数字乘以葡萄行数即可得出。

对于棚架则相对复杂些，原来生产上有采用单栋棚架的习俗，如图 2-141 所示。近年来为了提高架材的利用率，葡萄园多采用连栋棚架。一个种植小区（地块）葡萄立柱的行数为葡萄行数加 1，每行架材需要 2 个边柱、2 个支柱、2 根锚线、2 个锚石，每行中柱的数量为行长÷行上柱间距 −1（如果遇到非整数，则四

图 2-141 单栋倾斜式小棚架

舍五入），一个种植以上架材的数量则用上面的数字乘以葡萄立柱的行数即可得出。一个种植小区葡萄架横梁的数量为（中柱＋边柱的数量）×（立柱行数 −1）÷立柱行数（如果遇到非整数，则四舍五入）。

>>> 二、柱间距的确定和画线定点 <<<

首先根据前面介绍的方法，将所有的葡萄行放样画出，然后再根据确定好的葡萄行上的柱间距，放出整个种植小区立柱的埋设点。采用简易避雨栽培的葡萄行上的柱间距一般为 4 米；露地篱架栽培葡萄行上的柱间距一般为 6 米；棚架栽培的葡萄行上的柱间距一般为 3.5~4.0 米。这里需要说明的是，对于不需要埋土防寒的葡萄园，葡萄立柱埋设的位置通常在葡萄定植行上，与葡萄苗处于一条直线上，部分采用水平式棚架的葡萄园，立柱也可以位于葡萄行的一侧，甚至是两个葡萄行的中间；对于需要埋土

防寒的葡萄园，如果采用倾斜式单干单臂树形，也可以将葡萄立柱埋设到葡萄定植行上，与葡萄苗处于一条直线上，但大多数情况下是将立柱埋设在定植行一侧80厘米左右的位置，与葡萄定植行平行。

▶▶▶ 三、葡萄立柱的埋设 ◀◀

葡萄立柱的埋设一般在葡萄苗木定植完成后进行，也可在苗木定植前埋设。

1. 立柱基坑的挖掘

当葡萄立柱的埋设位置根据柱间距通过画线定点确定好后，就要进行立柱埋设基坑的开挖。如果葡萄园面积比较小，可以使用铁锹直接开挖，也可以使用洛阳铲进行开挖（图2-142），现在随着树坑机的推广，可以使用汽油机驱动的挖树坑机开挖（图2-143）；对于面积较大的葡萄园，也可以使用拖拉机驱动的挖树坑机进行开挖（图2-144）。使用洛阳铲或挖树

图2-142 使用洛阳铲开挖的基坑

坑机开挖的基坑，规则整齐，坑口大小合适，开挖效率高。立柱的基坑的直径应在20厘米左右，坑深50厘米左右。

图2-143 汽油机驱动的挖树坑机

图2-144 拖拉机驱动的挖树坑机

2. 边柱的埋设

边柱的埋设最好从地块两侧的边行开始，进行定点，然后再埋设中间葡萄行上的边柱，这样埋设的边柱比较容易横平竖直，整齐美观。在具体操作时，边柱主要有两种埋设方式：直立式边柱埋设和外倾式边柱埋设。

（1）直立式边柱埋设 这种埋设主要由边柱、支柱、锚线和锚石组成（图2-146）。如果使用水泥材质的葡萄边柱，可以将边柱直接放入开挖好

的基坑内，保持直立，然后直接回填土并砸实；如果使用钢构的葡萄边柱（如镀锌钢管、镀锌矩钢等），则应提前预制好边柱的基座，也可以直接将边柱预制在水泥基座中（图2-146），也可以先预制一个带有安装轴的基座，再将地上部的架杆固定到基座上（图2-147），埋设时将基座周围的回填土砸实。然后在边柱内侧中上部加支柱支撑，支柱的下端可以埋入土中。边柱的外侧使用锚线和锚石进行加固，锚线上端固定到边柱的上部，下端固定到埋入土中50厘米左右的锚石上。生产上为了便于调节锚线的松紧度，通常在锚线的中部安装索具螺旋扣（常称花篮螺丝）（图2-148）。当然在生产上也可以只使用支柱，不使用锚线和锚石进行加固（图2-149和图2-150）。如果不用支柱进行支撑（图2-151），葡萄边柱使用一段时间后就会向行内倾斜。

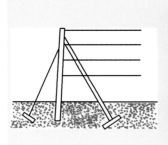

图 2-145　直立式边柱埋设

图 2-146　提前预制好基座的镀锌钢管边柱

图 2-147　基座和架杆分离，
先埋设基座再安装架杆

图 2-148　带有花篮螺丝的锚线

图2-149　不使用锚线固定系统
的单壁篱架系统

图2-150　不使用锚线固定系统
的倾斜式小棚架直立式边柱

（2）外倾式边柱　这种埋设方式主要由边柱、锚线和锚石组成（图2-152）。采用该种埋法的边柱向外倾斜45°~60°（边柱与地面的夹角），埋土深50~70厘米，在顶部外侧设锚线加固。采用该埋法的边柱要比中柱高出40~100厘米，以保证埋设的边柱与中柱等高（图2-153~图2-155）。采用外倾式边柱，可以节约1个支柱，但在埋设时边柱一定要倾斜到位，否则使用一段时间后，由于边柱的承载力有限，会被逐渐拉直，甚至内倾，既影响葡萄园的整齐美观，又会增加矫正边柱的工作量。另外边柱还需要特别定制，增加费用。

图2-151　不使用支柱只使用锚线
固定系统的直立式边柱

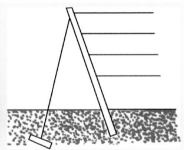

图2-152　外倾式边柱

图2-153　水平式棚架外倾式边柱
（钢绞线代替横梁，水泥预制边柱）

图2-154　水平式棚架外倾式边柱
（钢绞线代替横梁，木质边柱）

不管使用哪种方式，埋设出的边柱必须高度一致、左右对齐，即使地形高低起伏不平，也应呈现出柔和的曲线变化（图2-156），而不是参差不齐，忽高忽低（图2-105）。

图2-155 单壁篱架的外倾式边柱
（钢管边柱）

图2-156 随地形变化的边柱

3. 中柱的埋设

根据开挖好的位置基坑，将中柱直立埋设进基坑内，四周的回填土要砸实。如果采用水泥中柱，可以直接埋设；如果采用钢构中柱，则应预制基座。中柱的埋土深度在50厘米左右，埋设好的中柱不仅要与同行的中柱、边柱对齐等高，还要和邻行的中柱对齐等高。即使地形高低起伏不平，也应呈现出柔和的曲线变化（图2-157）。

图2-157 随地形变化埋设的中柱

▶▶▶ 四、横梁的搭建 ◀◀◀

常用的横梁多为水泥横梁、木质横梁和钢构横梁，棚架中柱上的横梁和双"十"字形架顶部的横梁可以用钢绞线或钢丝代替。

1. 双"十"字形架的横梁搭建

对于竹木横梁的固定，可以采用双股14号镀锌铁丝交叉捆绑到支柱上，捆绑时注意前后等高（图2-158）。如果是全钢构架材，可以直接焊接到立柱上，或者使用不锈钢自攻丝（图2-159）、U形卡固定到立柱上（图2-160）。对于水泥立柱，钢构横梁的"十"字形架，可以使用U形卡将横梁固定到水泥立柱上（图2-161）。使用"十"字形架的葡萄园，还可以在预制水泥柱的时候，直接将横梁预制上去。目前生产上为了节约成本和稳固葡萄立柱，将双"十"字形架上部的横梁使用直径为 0.25 厘米以上的镀锌钢丝来代替（图 2-162），并采用图 2-163 的方式固定到水泥立柱上。

图 2-158　双"十"字形架的木质横梁固定　　图 2-159　使用自攻丝固定金属横梁

图 2-160　使用 U 形卡固定横梁　　图 2-161　使用 U 形卡将镀锌方钢横梁固定到水泥立柱上

图 2-162　使用钢绞线或镀锌钢丝代替双"十"字形架上部的横梁　　图 2-163　镀锌钢丝固定在立柱上

2. 改良 Y 形架的斜梁搭建

如果斜梁是全钢构，可以直接焊接到立柱上，也可以使用螺栓或自攻丝固定；对于采用水泥立柱、钢构斜梁的，可以使用图 2-164 的方式固定到水泥立柱上。在实际生产上，中柱上的斜梁可以使用镀锌钢丝进行代替。

3. 棚架的横梁搭建

对于采用水泥立柱的水平式棚架和倾斜式小棚架，边柱上可以使用水泥横梁、木质横梁、镀锌钢管或矩钢，甚至可以使用直径 0.5 厘米以上的钢绞线；中间的横梁则可以使用直径 0.3 厘米以上的钢绞线或镀锌钢丝代替。水泥和竹木横梁的粗度应在 10 厘米×10 厘米以上，钢管或矩钢的粗度应在 5 厘米×5 厘米以上，横梁的长度略大于行宽。横梁要用 10 ~ 14 号镀锌钢丝固定，以防受压或受拉后滑脱（图 2-165 和图 2-166）。

图 2-164　改良 Y 形架，水泥立柱，　　　图 2-165　倾斜式小棚
钢构斜梁的固定　　　　　　　　　　架支柱与横梁的连接

对于采用镀锌钢管或矩钢立柱的葡萄园，可以将横梁直接焊接上去，或者使用螺栓、自攻丝直接固定。

需要说明的是，采用水泥立柱的葡萄园（无论是篱架还是棚架），一般在距离水泥立柱顶部 5 ~ 10 厘米处留 1 个直径为 1 ~ 2 厘米的过线孔（图 2-167），用于横梁、钢绞线或拉线的固定，或者其他方面的架材改造。

图 2-166　水平式棚架支柱与横梁的连接　　图 2-167　带有过线孔的水泥立柱

>>> 五、拉线的安装 <<<

过去生产上常使用 8 号或 10 号铁丝，现在已普遍被 12 号或 14 号镀锌钢丝代替，既美观又耐用。先顺行向将钢丝根据架式要求固定到一端的边柱或横梁上，再拉向葡萄架的另一端，然后用紧线器拉紧，固定到边柱或横梁上。对于先立架后栽苗的葡萄园，这一道工序通常放在苗木定植后进行，以便定植坑的机械开挖。

拉丝在边柱和横梁上的固定方式，过去生产上都是直接缠绕打结（图 2-168），如今多使用卡头进行固定（图 2-169），使用该种方式，不仅可以避免拉线的缠绕扭曲、节约拉线，而且可以用于 2 根拉线的连接，但需要购买专用的卡头和液压钳。

图 2-168　拉丝在横梁上的缠绕固定　　　图 2-169　拉线的卡头固定

购买回来的钢丝通常都是成盘包装的（图 2-170），为了放线容易，避免拉线的互相缠绕和打结，生产上常使用图 2-171 这样的放线器，既可以避免拉线缠绕，又可以降低劳动强度，提高劳动效率。使用的时候，一个人拉着拉线前行，拉线器就会跟着转动，从而将拉线从线盘上分离。

为了将架材上的拉线拉紧，可以使用图 2-172 这样的紧线器，该紧线器的一端为一个可开张和闭合的三角形夹，打开后

图 2-170　镀锌钢丝

将钢丝放入，即可夹紧钢丝，另一端为带有防倒转装置的转轴，转轴上可以安装细钢丝绳或铁丝，将钢丝绳或铁丝的一段固定到立柱上，使用配套的扳手转动转轴，通过将钢丝绳或铁丝缠绕到转轴上，即可将葡萄架材上的拉线拉紧。将拉线固定到边柱或横梁上后，打开固定拉线的三角夹，将

图 2-171　放线器

紧线器从拉线上取下，然后再打开转轴上的防倒转装置，即可将紧线器上的钢丝绳或铁丝放松，然后将紧线器从固定的立柱上取下。

对于先栽苗后搭架的葡萄园，整个架材的搭建工作最好在葡萄树还未上架前结束，从而减少架材搭建过程中对葡萄树的伤害。需要特别说明的是，在架材搭建过程中，所有的操作工人都应当佩戴安全帽、手套和护目镜。

图 2-172　紧线器

第十节　葡萄园的改造和更新

葡萄园改造、更新是葡萄生产上经常遇到的问题，主要发生在品种混杂或品种选择失误的葡萄园内。在进行葡萄园改造、更新时，首先要对葡萄园病毒病的发生情况进行普查，如果全园病毒病发生严重，最好毁园重建。如果病毒病发生较轻，则应剔除病株后再进行改造、更新。具体的改造、更新方式有以下几种。

一、间栽间伐更新

对于植株衰老的葡萄园，可通过在行间定植新树，重点管理，随着新树的生长逐渐砍伐老树，从而实现葡萄园的更新（图 2-173）。但种植多年的葡萄园存在土壤肥力下降、营养元素缺乏等问题。在间栽前一定要对土壤进行彻底的改良。

图 2-173　间栽间伐更新

>>> 二、嫁接更新 <<<

葡萄的嫁接一般有硬枝劈接和嫩枝劈接 2 种方法。从技术的难易程度考虑，我们建议采用绿植嫁接的方法进行更新。

嫩枝嫁接，又称绿枝嫁接，该方法简单易行，嫁接时间长，接穗来源广泛，成活率高。绿枝嫁接的接穗是优良品种的当年新梢，取其上部半木质化部分（也可用副梢），夏芽明显已膨大的最好，1 芽 1 穗，芽上面留 1.5 厘米长，芽下留 3～5 厘米长。最好随采随接，必须提前采穗时，时间不应过久，要特别注意防止失水。

（1）大树平茬 一般在晚秋或早春将树体平茬，促生根蘖，选 5～6 支根蘖培养做砧木，其余清除。当萌条长至 6～7 片叶时即可进行嫁接。

（2）嫁接时间 一般新梢第 4～5 片叶位置达到半木质化时即可进行嫁接，北方地区在麦收前嫁接结束。如果在麦收后嫁接，一来气温急剧升高，成活率会严重下降；二来由于生长季节太短，枝条不易老化。

（3）嫁接方法 先将砧木新梢靠地表 30～40 厘米处剪断，剪口距芽不短于 5 厘米，挖去下部芽眼，保留叶片。然后将砧木劈开，劈口长 2.5～3 厘米。接穗的削法与一般劈接法相同，要剪去叶片，保留叶柄基部。把削好的接穗轻轻插入砧木劈口中，使形成层对齐，再用宽 1 厘米、长 30 厘米的塑料薄膜条由砧木劈口下端 1 厘米处往上缠绕（图 2-174），包裹住上端剪口后，再反转向下缠绕打结，除芽外露，其他部分全部缠绕严密（图 2-175）。由于嫩枝劈接用的是生长季的新鲜材料，它同休眠期的嫁接有所不同。嫁接时需要注意以下几点：

图 2-174　从下部开始缠绕砧木和接穗　　图 2-175　包裹好的砧木和接穗

1）嫁接时刀要快，手要准。这样做才能使刀口平滑，有利于愈合。

2）嫁接后灌水，有利于成活。

3）接芽在愈合过程中，如果砧木上仍有芽萌发，应及时去除。

在正常气候条件下，嫁接后 10 天左右，接芽即开始萌发（图2-176），至秋季能长出 2 米左右，次年即有一定的产量，嫩枝嫁接的成活率可达90%。

图2-176　嫁接成活后生长的新梢

第三章

葡萄树形培养及其管理

葡萄为藤本植物，在生产条件下，必须使葡萄生长在一定的支撑物上，并具有一定的树形，而且必须进行修剪以保持树形，调节生长和结果的关系，尽量利用和发挥品种的优点，以求达到丰产、稳产、优质的目的。需要说明的是，树形和架式之间虽然联系紧密，但并不是因果关系，同一种架式可以用不同的树形，同一个树形也能够应用到不同的架式上。

第一节 葡萄生产上的常见树形

葡萄生产上常见的树形主要有：多主蔓扇形树形、单干水平树形、独龙干树形和 H 形树形等。

▶▶▶ 一、多主蔓扇形树形 ◀◀◀

该树形的特点是从地面上分生出 2~4 个主蔓，每个主蔓上又分生 1~2 个侧蔓，在主、侧蔓上直接着生结果枝组或结果母枝，上述这些枝蔓在架面上呈扇形分布（图 3-1）。该树形主要应用在单、双壁篱架，部分棚架上也可以应用（图 3-2）。

图 3-1　单壁篱架上的多主蔓扇形树形

图 3-2　庭院大棚架上的多主蔓扇形树形

二、单干水平树形

单干水平树形包括 1 个直立或倾斜的主干，主干顶部着生 1 个或 2 个结果臂，结果臂上着生若干结果枝组。如果只有 1 个结果臂，则为单干单臂树形（图 3-3）；如果有两个结果臂，则为单干双臂树形（图 3-4）。如果主干倾斜，则为倾斜式单干水平树形（图 3-5）。该树形主要应用于单壁篱架、"十"字形架（包括双"十"字形架、多"十"字形架等）上，在非埋土防寒区也可以应用到水平式棚架上（图 3-6）。

图 3-3　单干单臂树形

图 3-4　单干双臂树形

图 3-5　倾斜式单干水平树形

图 3-6　水平式棚架上的单干双臂树形

三、独龙干树形

独龙干树形适用于各种类型的棚架。每株树即为 1 条龙干，长 3～6 米，主蔓上着生结果枝组，结果枝组多采用单枝更新修剪或单双枝混合修剪（图 3-7）。如果 1 株树留 2 个主蔓，则为双龙干树形。葡萄生产上，为了便于冬季下架埋土防寒，通常将该树形改良成鸭脖式独龙干树形（图 3-8）。

图 3-7 冬剪后的棚架独龙干树形　　图 3-8 鸭脖式独龙干树形

四、H 形树形

H 形树形由 1 个直立的主干和 2 个相对生长的主蔓，每个主蔓上分别相对着生 2 个结果臂，臂上着生若干结果枝组（图 3-9 和图 3-10）。该树形适宜我国非埋土防寒区水平式棚架栽培，一般株行距为（4～6）米×（4～6）米。

图 3-9 新梢生长期的 H 形树形　　图 3-10 冬剪后的 H 形树形

五、其他树形

在葡萄生产上，葡萄种植者根据当地的气候特点和栽培习惯，设计培养出了一些特别的树形（图 3-11 和图 3-12）。

图 3-11 河北省怀来地区和河南省　　图 3-12 河南省郑州
偃师地区使用的一种纺锤形树形　　地区使用的一种双篱架树形

第二节 葡萄树形的选择

➤➤ 一、根据栽培的葡萄品种选择树形 ◀◀

不同的葡萄品种因其植物学特性和生物学特性不同，要求采用不同的树形和修剪方式。例如：美人指、克瑞森无核等生长势旺盛、成花力弱的品种，适宜采用能够缓和树势、促进成花的树形，如独龙干树形、H形树形或者臂长超过2米的单干水平树形；对于生长势弱、成花容易的品种，如京亚，适宜采用单干水平树形；对于生长势旺盛、成花容易的品种，如夏黑、阳光玫瑰，采用的树形则应根据田间管理的需要而定。

➤➤ 二、根据当地的气候条件选择树形 ◀◀

对于冬季最低温度低于－15℃、葡萄树越冬需要埋土防寒的地区，选择的树形必须容易下架，埋土防寒，如鸭脖式独龙干树形、倾斜式单干水平树形。对于不需要埋土防寒，但生长季湿度较大、容易发生病害的地区，选择能够增加光照、通风透湿的树形则比较有利于葡萄树的生长，如高干单干水平树形、H形树形等。

对于气候干旱高温的地区，或者容易发生日灼病的品种，建议采用棚架独龙干树形，可以减轻危害。在春秋季容易发生霜冻危害的地区，使用干高超过1.4米的葡萄树形可以减轻危害（图3-13）。

图3-13 智利高寒冷凉地区使用的可以减轻霜冻危害的高干树形

➤➤ 三、根据园区的机械化程度选择树形 ◀◀

为了提高劳动效率，降低葡萄园的管理成本，机械化、自动化成为葡萄园管理的发展方向，所以选择的树形必须有利于打药、修剪、土壤管理等机械作业，因此在埋土防寒区建议采用倾斜式单干水平树形（图3-14），在非埋土防寒区采用单干水平树形。

图3-14 便于机械化埋土的一种倾斜式单干水平树形

第三节 主要树形的培养

一、独龙干树形

独龙干树形为我国北方埋土防寒栽培区常见的树形，主要用于棚架栽培，树长 4～6 米，结果枝组直接着生在主干上，每年冬季结果枝组采用单双枝混合修剪。图 3-15 所示为冬季修剪后的大棚架独龙干树形。现以埋土防寒区独龙干树形的培养为例进行具体介绍。

图 3-15 河北省怀来地区的大棚架独龙干树形

具体培养过程如下：

1. 苗木定植

葡萄苗木定植的位置应在葡萄架根立柱外侧 80 厘米左右处，以便于独龙干树形鸭脖状的培养。

2. 苗木定植第一年的树形培养和冬季修剪

定植萌芽后，首先选择 2 个生长健壮的新梢，引缚向上生长（图 3-16）。当 2 个新梢基部生长牢固后，选留 1 个健壮新梢（作为龙干），引绑其沿着架面向上生长。对于其上的副梢，第一道铁丝以下的全部做单叶绝后处理（图 3-17），第一道铁丝以上的副梢每隔 10～15 厘米保留 1 个。这些副梢交替引绑到龙干两侧生长，充分利用空间，对于副梢上萌发的二级副梢全部进行单叶绝后处理，整个生长季龙干上的副梢都采用此种方法，引缚龙干向前生长。冬天在龙干直径为 0.8 厘米的成熟老化处剪截，龙干上着生的枝条则留 2 个饱满芽进行剪截，作为来年的结果母枝（图 3-18）。

图 3-16 选留 2 个健壮的新梢引缚生长

图 3-17 副梢的单叶绝后处理

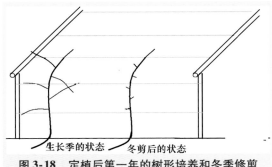

生长季的状态　　　冬剪后的状态

图 3-18　定植后第一年的树形培养和冬季修剪

　　如果龙干上着生的枝条出现上强下弱的情况（即龙干前端的枝条着生均匀，并且成熟老化，而龙干下部没有着生枝条，或着生的枝条分布不合理，或生长细弱，不能老化成熟），为了保证树体生长均衡，将来的结果枝组分布合理，则将龙干上着生的所有枝条从基部疏除，但也不能紧贴主干疏除，而应留出一段距离，以免伤害到主干上的冬芽（图 3-19）。

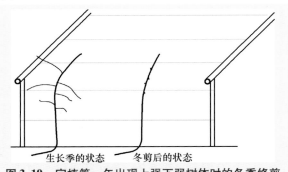

生长季的状态　　　冬剪后的状态

图 3-19　定植第一年出现上强下弱树体时的冬季修剪

　　对于冬季需要埋土防寒的地区，葡萄树应在土壤上冻前修剪完成，并埋入土中。对处于埋土防寒边界的地区（冬季最低温度偶尔会达到 -12℃ 的地区），或冬季容易出现大风干旱的地区，笔者建议对第一年生长的幼树，最好也进行埋土防寒保护。对于非埋土防寒的地区，冬剪最好在树液出现伤流前的 1 个月左右进行，避开冬季最寒冷和大风干旱的时期。

3. 第二年的树形培养和冬季修剪

　　在埋土防寒区，当杏花开放的时候，应抓紧时间进行葡萄树的出土上架工作；在非埋土防寒区，当树体开始伤流，龙干变得柔软有弹性的时候，也应抓紧时间将修剪过的葡萄树进行引绑定位。埋土防寒区，引绑时首先要将龙干绕到第一道拉丝下面，向葡萄行间倾斜压弯，形成鸭脖状，然后再引绑到第一道拉丝上，将剩下的龙干再顺架面向上引绑（图3-20）。对于没有结果母枝的葡萄树，压弯形成鸭脖状后，再呈弓形引绑到第一道铁丝上（图3-20），当龙干上的大部分新梢长到40厘米以后，再扶正并顺架面向上引绑。非埋土防寒区，则不需要压弯培养鸭脖的形状。

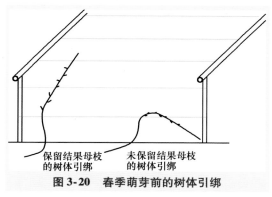

保留结果母枝　　　未保留结果母枝
的树体引绑　　　　的树体引绑

图3-20　春季萌芽前的树体引绑

（1）对于保留结果母枝葡萄树形的培养和冬季修剪　萌芽后，每个结果母枝上先保留2个新梢。直径超过0.8厘米的新梢，保留1个花序结果；直径低于0.8厘米新梢上的花序则应疏掉，所有新梢采用倾斜式引绑（图3-21）。新梢上花序下部萌发的副梢直接抹除，花序上部的则根据品种生长特性采用不同的方法，冬芽容易萌发的品种，比如红地球，进行单芽绝后处理，冬芽不易萌发的品种则直接抹除。

图3-21　葡萄新梢的倾斜式引绑

龙干上直接萌发的新梢，位于结果母枝之间的应直接抹除，位于没有结果母枝龙干前端的，每隔15厘米保留1个，全部采用倾斜式引绑，交替引绑到龙干两侧。对于龙干最前端萌发的新梢，选留1个生长最为健壮的新梢作为延长头，引缚其向前生长，其上的花序必须疏除，其上萌发的副梢每隔15厘米左右保留1个，这些副梢要交替引绑到主蔓两侧生长，副梢上萌发的二级副梢全部进行单叶绝后处理，培养成结果母枝。当龙干延长头离架梢还有1米时进行摘心，摘心后萌发的副梢全部保留，向两侧引缚生长。

　　冬剪时在龙干直径为0.8厘米左右的成熟老化处剪截，或在龙干延长端离架梢1米摘心处剪截，龙干上的结果母枝采用单枝更新修剪（图3-22）。

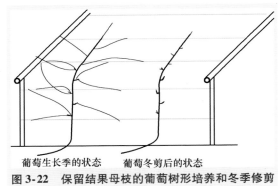

葡萄生长季的状态　　　葡萄冬剪后的状态

图3-22　保留结果母枝的葡萄树形培养和冬季修剪

　　(2) 对于没有保留结果母枝葡萄树形的培养和冬季修剪　伤流前，首先将龙干进行弓形引绑（图3-20），并对第一道拉丝以上龙干弓形引绑中后部的芽眼进行刻芽处理。萌芽后，当龙干上大部分的新梢长到40厘米后，再将龙干扶正，顺葡萄架向上引绑。龙干上萌发的新梢每隔15厘米左右保留1个，交替引绑到龙干两侧。另外，在龙干前端选留1个健壮的新梢作为延长头，继续沿架面向前培养，其上的花序必须疏除，其上萌发的副梢每隔15厘米左右保留1个，这些副梢要交替引绑到主蔓两侧生长，副梢上萌发的二级副梢全部进行单叶绝后处理，当延长头离架梢还有1米时进行摘心，摘心后萌发的副梢全部保留，向两侧引缚生长。冬季修剪时，在龙干直径0.8厘米以上成熟老化的位置剪截，或在龙干延长端摘心处剪截，龙干上所有枝条全部留2个芽进行剪截。

　　至此树形的培养工作结束。对于没有布满架面的植株，按照第二年的方法继续培养。当树形培养成后，为了保持树体健壮和布满架面空间，最好每年冬剪时都从延长头基部选择健壮枝条进行更新修剪（图3-23）。

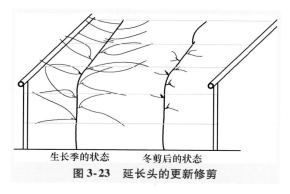

生长季的状态 　　　冬剪后的状态

图3-23　延长头的更新修剪

➤➤➤ 二、单干水平树形 ◀◀◀

单干水平树形主要包括单干单臂树形、单干双臂树形和倾斜式单干水平树形，其中单干单臂和单干双臂树形主要应用于非埋土防寒区，倾斜式单干水平树形主要应用于埋土防寒区。

1. 单干单臂树形的培养

（1）定植第一年的树形培养和冬季修剪

定植萌芽后，选 2 个健壮的新梢，作为主干培养，新梢不摘心。当这 2 个新梢长到 50 厘米后，只保留 1 个健壮的新梢继续培养（该新梢可以借竹竿引缚生长，也可以采用吊蔓的方式引缚生长，图 3-24）。当新梢长过第一道拉丝，也就是定干线后，继续保持新梢直立生长。对于其上萌发的副梢，定干线 30 厘米以下的副梢全部进行单叶绝后处理，30 厘米以上萌发的副梢全部保留。这些副梢只引绑不摘心，其上萌发的二次副梢全部进行单叶绝后处理。当定干线（第一道拉丝）上的新梢长度达到 60 厘米以

图3-24　定植第一年选留 1 个新梢后使用绳子进行吊蔓生长

上时，将其顺葡萄行向引绑到定干线上，作为结果臂进行培养，当其生长到与邻近植株距离的 1/2 时进行第一次摘心，当其与邻近植株交接时进行第二次摘心，对于结果臂上生长的副梢则全部保留，并将其引绑到引绑线上（图 3-25）。

冬季修剪时，如果结果臂上生长的枝条分布均匀（每隔 10～15 厘米有 1 个枝条），并且每个枝条都成熟老化（枝条下部成熟老化即可），并且直

径都超过 0.5 厘米，结果臂在成熟老化的 0.8 厘米处剪截，结果臂上生长的枝条全部留 2 个饱满芽剪截（图3-26）。

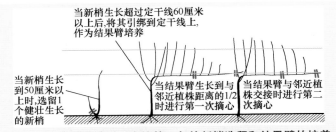

当新梢生长超过定干线60厘米以上后，将其引绑到定干线上，作为结果臂培养

当新梢生长到50厘米以上时，选留1个健壮生长的新梢

当结果臂生长到与邻近植株距离的1/2时进行第一次摘心

当结果臂与邻近植株交接时进行第二次摘心

图3-25　单干单臂树形定植第一年的新梢选留和结果臂的培养

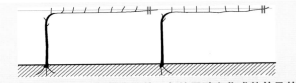

图3-26　单干单臂树形定植第一年结果臂老化成熟并且其上的枝条直径超过 0.5 厘米，分布均匀时进行的冬季修剪

如果结果臂仅在靠近主干的基部生长有成熟老化的枝条，中部和前端没有生长枝条或生长的枝条未能老化成熟，或者结果臂基部和前端生长有老化成熟的枝条，中部没有生长枝条，都采用结果臂在成熟老化的直径 0.8 厘米处剪截，结果臂上基部生长的枝条留 2 个饱满芽剪截，前端的枝条全部疏除（图3-27）。

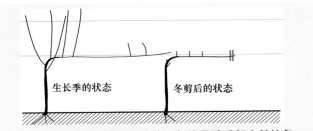

生长季的状态　　　　　冬剪后的状态

图3-27　单干单臂树形定植第一年结果臂后部生长枝条，而前端没有着生枝条或枝条未能老化成熟的冬季修剪

如果结果臂上生长的枝条大部分未能老化成熟，或者仅在结果臂的中前部生长有枝条，则结果臂上的枝条全部从基部疏除，结果臂在成熟老化的直径 0.8 厘米处剪截，并且将结果臂在春季萌芽前采用弓形引绑的方式引绑到定干线上（图3-28）。

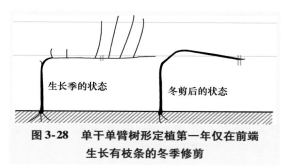

**图 3-28 单干单臂树形定植第一年仅在前端
生长有枝条的冬季修剪**

（2）定植第二年的树形培养和冬季修剪

1）对于保留结果母枝的葡萄树形的培养和冬季修剪。萌芽后，每个结果母枝上保留 1 个新梢，直径超过 0.8 厘米的新梢，保留 1 个花序结果；直径低于 0.8 厘米的新梢，其上的花序则疏掉，所有新梢沿架面向上引绑生长。新梢上萌发的副梢，花序下部的直接抹除，花序上部的则根据品种生长特性采用不同的方法，冬芽容易萌发的品种，比如红地球，则进行单芽绝后处理，冬芽不易萌发的品种则直接抹除。

结果臂上直接萌发的新梢，位于结果母枝之间的直接抹除，位于没有结果母枝结果臂前端的，每隔 10～15 厘米保留 1 个，全部向上引绑生长。对于结果臂没有与邻近植株交接的葡萄树，可以在结果臂前端选留 1 个生长健壮的新梢，当其基部生长牢固，长度超过 60 厘米后，作为延长头引绑到定干线上，向前生长，其上的花序必须疏除，其上萌发的副梢每隔 10～15 厘米保留 1 个，向上引绑生长，这些副梢上萌发的二级副梢全部进行单叶绝后处理，当延长头与邻近植株交接时进行摘心，摘心后萌发的副梢向上引绑生长。冬剪时结果臂上的结果枝组和 1 年生枝条全部采用单枝更新修剪（图 3-29）。

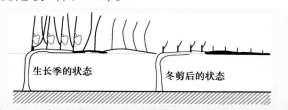

图 3-29 对于保留结果母枝的葡萄树形的培养和冬季修剪

2）对于没有保留结果母枝的葡萄树形的培养和冬季修剪。伤流前，对结果臂中后部的芽眼进行刻芽处理，并将结果臂进行弓形引绑。萌芽后，当结果臂上的新梢长到 30 厘米后，再将结果臂放平到定干线上，捆绑好。结果臂上萌发的新梢每隔 10 ~ 15 厘米保留 1 个向上引绑生长。如果带有花序，可以根据树势，选留 1 ~ 3 个新梢，保留花序进行结果。对于结果臂没有与邻近植株交接的葡萄树，可以在结果臂前端选留 1 个生长健壮的新梢，当其基部生长牢固，长度超过 60 厘米后，作为延长头引绑到定干线上向前生长，其上的花序必须疏除，其上萌发的副梢每隔 10 ~ 15 厘米保留 1 个，向上引缚生长，这些副梢上萌发的二级副梢全部进行单叶绝后处理，当延长头与邻近植株交接时进行摘心，摘心后萌发的副梢向上引缚生长。

冬剪时结果臂上的结果母枝采用单枝更新修剪（图 3-30）。

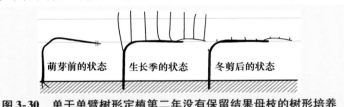

图 3-30　单干单臂树形定植第二年没有保留结果母枝的树形培养

至此树形的培养工作结束。对于部分结果臂没有交接的植株，按照第二年的方法继续培养。如果在非埋土防寒区，将该树形应用到水平式棚架上，就是独龙干树形。

2. 单干双臂树形培养

关于单干双臂树形的培养有 2 种方法。

（1）第一种培养方法　当选留的新梢生长高度超过定干线后，在定干线下 15 厘米左右的位置进行摘心，然后在定干线下部选留 3 个新梢继续培养，当新梢生长到 60 厘米后，再选留 2 个新梢反方向呈弓形引绑到定干线上，沿定干线生长，其上的副梢全部保留，向上引缚生长，副梢上萌发的二次副梢全部进行单芽绝后处理。以后的树形培养与单干单臂树形基本相同，只不过把单臂换成双臂（图 3-31）。

（2）第二种培养方法　单干双臂树形的培养与单干单臂树形的培养类似，先培养成单臂，然后再在定干线下选 1 个枝条，冬季反方向引绑到定干线上，第二年其上萌发的新梢每隔 10 ~ 15 厘米保留 1 个，培养成结果母枝，至此树形培养结束。该方法也适用于单干单臂或单干双臂结果臂的更新（图 3-32）。

在非埋土防寒区，将单干双臂树形应用到水平棚架上，就是人们常见的"一"字形树形或 T 形树形（图 3-33、图 3-34）。

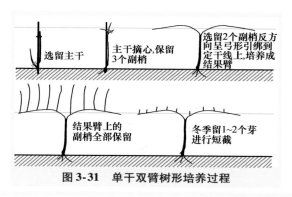

图 3-31 单干双臂树形培养过程

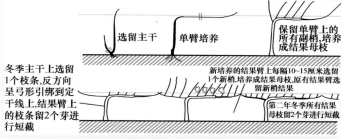

图 3-32 先培养单干单臂再培养成双臂的单干双臂树形培养过程

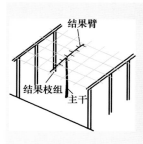

图 3-33 单干双臂树形
在水平式棚架上的应用

图 3-34 单干双臂树形在
水平式棚架上的应用

3. 倾斜式单干水平树形的培养

该树形与单干单臂树形的培养极为相似，区别在于，定植时所有苗木均采用顺行向倾斜 20°～30°定植，选留的新梢也按照与苗木定植时相同的角度和方向，向定干线上培养。当长到定干线后，不摘心，继续沿定干线向前培养，此后的培养方法与单干单臂树形完全相同。如果在埋土防寒区，以后每年春季出土上架时都要按照第一年培养的方向和角度引绑到架面上

（图3-35）。

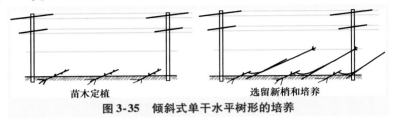

苗木定植　　　　　　　　　　　选留新梢和培养

图3-35　倾斜式单干水平树形的培养

▶▶ 三、H 形树形 ◀◀

H 形树形（图3-36 和图3-37）在我国南方葡萄产区较为常见，适用于水平式棚架，株行距为（4~6）米×（4~6）米。

图3-36　水平式棚架上生长季的 H 形树形　　　图3-37　冬季落叶后的 H 形树形

H 形树形的培养过程如下（图3-38）：

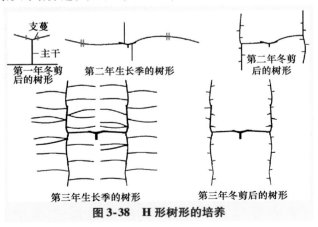

图3-38　H 形树形的培养

1. 定植第一年的树形培养和冬季修剪

定植萌芽后，选留 1 个健壮的新梢不摘心，引缚其向上生长，对于其上的副梢全部进行单叶绝后处理，当其离棚顶 20 厘米时摘心，摘心后选留 2 个副梢作为将来的主蔓，反方向引绑向行间生长，整个生长季不摘心，任其生长，其上萌发的二级副梢全部进行单叶绝后处理。冬天在主蔓直径为 0.8 厘米的成熟老化处剪截。

2. 定植第二年的树形培养和冬季修剪

第二年春季萌芽后，从 2 个主蔓剪口各选 1 个健壮的新梢作为延长头继续向前培养。其上的副梢全部进行单叶绝后处理，当延长头长到行距的 1/3 时进行摘心，摘心后选留 2 个副梢分别与主蔓垂直反方向引绑其生长，培养成结果臂。其上萌发的副梢，每隔 10 ~ 15 厘米选留 1 个，交替引绑到两侧。冬季在结果臂直径 0.8 厘米老化成熟处剪截，其上的枝条留 2 个饱满芽短截。

3. 定植第三年的树形培养和冬季修剪

第三年春季萌芽后，结果臂上结果母枝萌发的新梢根据空间大小选留 1 ~ 2 个，保留花序进行结果。如果结果臂未能与邻近植株的结果臂交接，则选留顶端的 1 个健壮新梢继续向前培养，不摘心，与邻近植株交接时进行摘心，其上的副梢每隔 10 ~ 15 厘米保留 1 个，交替引绑到两侧，培养成结果枝组。冬季结果枝组均采用单枝更新修剪，树形至此培养结束。

第四节 葡萄树形管理

一、葡萄物候期的识别

当葡萄树形培养成形后，整形修剪的工作重点就是葡萄树形的维持，尽量延长葡萄树的结果年限，保证葡萄园的稳产、丰产和优质。葡萄树的整形修剪通常是按葡萄树所处的物候期进行操作，因此从事葡萄生产和管理的人员必须能够准确识别出葡萄树所处的物候期，从而使管理有的放矢。葡萄树物候期的识别可以参照图 3-39 ~ 图 3-59 和表 3-1。

图 3-39 伤流期

图 3-40　绒球期

图 3-41　萌芽期

图 3-42　叶片显露期

图 3-43　展叶期

图 3-44　花序显露期

图 3-45　新梢快速生长期

图 3-46　花序分离期

图 3-47　花朵分离期

图 3-48　始花期

图 3-49　盛花期

图 3-50　谢花期

图 3-51　坐果期

图 3-52　生理落果期

图 3-53　幼果期

图 3-54　果实第一次膨大期

图 3-55　封穗期

图 3-56　转色期

图 3-57　果实采摘期

图 3-58　枝条成熟期

图 3-59　落叶期

表3-1　物候期描述表

序号	物　候　期	状态描述
1	休眠期	主芽处于冬季休眠状态，外被褐色鳞片
2	伤流期	春季枝条伤口处流出树液
3	绒球期	芽眼鳞片开裂，露出褐色茸毛
4	萌芽期	幼叶从茸毛中露出
5	叶片显露期	丛状幼叶从茸毛中长出，基部仍可看到少量鳞片和茸毛
6	展叶期	新梢清晰可见，第一片幼叶完全展开
7	花序显露期	梢尖可见花序
8	新梢快速生长期	新梢第三个叶片完全展开，直至花序上的小分枝展开
9	花序分离期	花序伸长，小分枝展开，但花朵仍为丛状
10	花朵分离期	花序外形达到其典型形状，花朵各个分离
11	始花期	花序上有少量花朵开放
12	盛花期	花序上80%以上的花朵开放
13	谢花期	花序上80%花朵上的花药干枯脱落
14	坐果期	花序上的花朵发育成幼果，但部分幼果上还残留干枯的花药
15	生理落果期	用手轻弹果穗，有少量幼果开始脱落
16	幼果期	果实不再脱落，开始生长
17	果实膨大期	果实迅速生长，并表现出该品种果实的某些特征
18	封穗期	果穗拥有完整的形状，果粒之间相互接触
19	转色期	有色品种少量果粒开始着生，无色品种少量果粒开始变软
20	果实采摘期	果实表现出该品种应有的风味，可以开始采摘、食用
21	枝条成熟期	枝条颜色变成红褐色，木质化
22	落叶期	叶片变黄，开始脱落

▶▶▶ 二、生长季葡萄树形管理 ◀◀◀

1. 萌芽前的树体管理

（1）**架材修整和树体引绑**　在非埋土防寒区，首先要对葡萄园的葡萄架进行修整，将倾斜弯倒的立柱扶正，将折断的立柱和横梁进行更换，对松弛的架材拉线重新拉紧固定，然后根据冬剪时的目的引绑枝条，最后对葡萄树进行复剪，确定最终的留枝量和留芽量。

在埋土防寒区，野山杏开花前必须结束葡萄架的修整工作。山杏开花后，及时将葡萄树出土上架（图3-60和图3-61），并进行复剪，确定最终的留枝量和留芽量。

图3-60 葡萄树出土

图3-61 葡萄树引绑上架

（2）刻芽 对于葡萄树延长头，或需要萌发新枝的地方，可以在葡萄伤流前，在芽眼的上方0.5~1.0厘米处，用刀切至木质部（图3-62）。目的是将枝干运输的养分聚集到芽眼，促使所刻芽眼萌发，长成新的枝条。过去刻芽多使用嫁接刀，现在有专用的刻芽剪（图3-63）。

图3-62 刻芽

图3-63 刻芽剪

2. 萌芽后的管理

（1）抹芽定梢 葡萄早春萌芽时，除了保留结果母枝的芽眼会萌发外，主干、主蔓、结果臂和结果母枝基部的隐芽也会大量地萌发（图3-64）。如果有生长空间，一定要保留，以便于树形的矫正和更新；对于没有生长空间的，则应在叶片显露期以前尽早抹除。

图3-64 葡萄结果臂和结果
母枝基部萌发的隐芽

结果母枝上的芽眼，除了主芽萌发外，大量的侧芽也会萌发，1个芽眼往往会长出1~3个新梢（图3-65）。为了使架面上的新梢分布均匀合理，营养集中供给留下的新梢，从而促进枝条和花序的生长发育，必须及时进行抹芽定梢。抹芽定梢分两次进行，第一次在叶片显露期到展叶期，新梢长度为3~5厘米时进行，抹去结果母枝和预备枝上单芽双枝或单芽三枝中的极弱枝，保留1~2个生长势旺盛的新梢（图3-66）。如果单芽双枝中的2个新梢生长势相当，则可以都保留下来，等到第二次抹芽定枝时再决定；对于单芽三枝，至少要去除1个新梢，最多保留2个新梢。

图3-65 单个芽眼萌发出的双生枝　　图3-66 第一次抹芽定梢

第二次抹芽定梢在花序显露期，新梢长度为10~20厘米时进行，首先是芽眼定梢，每个芽眼只能保留1个新梢（图3-67），除非该芽眼周围有极大的生长空间，不会影响到其他新梢的生长时，可以保留2个。保留的新梢尽量为带有花序的结果枝。

其次是结果母枝定梢。采用单枝更新的结果枝组，首先在结果母枝基部选1个健壮的新梢，带不带花序均可，作为来年的更新枝，然后再选留1个带花壮枝，用于结果（图3-68）。对于生长空间有限的结果母枝，可以

图3-67 第二次抹芽定梢时　　　　图3-68 第二次抹芽定梢时
每个芽眼保留1个健壮的新梢　　　单枝更新的结果母枝定梢

只保留1个靠近基部且带有花序的新梢。该新梢即是当年的结果枝又是第二年的结果母枝，结果和更新合二为一。采用双枝更新的结果枝组，抹去上位枝上的无花序枝，保留2~3个带花的壮枝，下位枝上尽量选留2个靠近基部的带花壮枝。如果带花的新梢都偏上，则在基部选留1个无花壮梢，在上部选留1个带花新梢。目前葡萄生产上为了降低劳动强度，提高劳动效率，普遍使用单枝更新，以便于机械修剪和工人掌握。

抹芽定梢应注意以下事项：抹芽定梢要依树势、架面新梢稀密程度、架面部位来定。弱树多疏，强旺树少疏。多疏枝则减轻果实负载量，利于恢复树势。少疏枝则多挂果，以果压树，削弱树势，以达到生长与结果的平衡。对架面枝条稠密处多疏，稀处少疏；下部架面多疏，以利于下部架面的通风透光。同时，还要疏除无用的细弱枝、花穗瘦小的结果枝、下垂枝、病虫枝、徒长枝等。参考标准为：大果穗的葡萄品种（单个果穗重量超过1000克），棚架独龙干树形，每米主蔓上留8个左右的新梢；篱架单干水平树形，每米结果臂上留8个左右的新梢。中等果穗的葡萄品种或树（单个果穗重量超过750克），棚架独龙干树形，每米主蔓上留9个左右的新梢；篱架单干水平树形，每米结果臂上留9个左右的新梢。小果穗的葡萄品种，棚架独龙干树形，每米主蔓上留10个左右的新梢；篱架单干水平树形，每米结果臂上留10个左右的新梢。

对于生长期长、高温多湿、病害发生重的地区，适当少留梢；无霜期短、气候干燥、光照充足、病害轻的地区，可适当多留枝。各地葡萄种植者应结合实际情况灵活运用。

（2）新梢摘心和副梢处理　新梢摘心和副梢处理可以起到暂时抑制新梢营养生长，增加枝条粗度，促进花芽分化和枝条木质化的作用。尤其是对带有花序的结果枝在开花前后进行摘心，具有促进花序生长发育和提高坐果率的作用。新梢摘心和副梢处理最好使用疏果剪进行剪截，而避免用手直接折断。

【提示】　当新梢长度超过40厘米以后，新梢叶柄基部的夏芽由下向上递次萌发形成副梢（图3-69），副梢处理工作随即展开。

1）结果枝摘心和副梢处理：对于落花落果严重、冬芽不易萌发的葡萄品种，比如巨峰、京亚、夏黑等，应在开花前3~5天，花序上留4~6片叶进行摘心，在进行摘心的同时将结果枝上所有的副梢从基部直接抹掉（图3-70）。摘心后再萌发的副梢，除了保留顶端的1个副梢外，其余的全部从基部抹除；顶端副梢生长超过架面后，再根据田间管理需要进行修枝。

图3-69 结果枝叶柄
基部萌发的新梢

图3-70 巨峰等易落花落果
葡萄品种的结果枝摘心

对于坐果率高、冬芽易萌发的品种，比如美人指、红地球等品种，新梢不用摘心，只管引绑。其上的副梢，花序以下的直接抹除，花序以上的进行单叶绝后处理。只有当新梢长度超过架面生长空间后再进行摘心，摘心只保留顶端的1个副梢，下垂其生长，其他副梢进行单叶绝后处理。

📢 【提示】 如果在花朵分离期，花序上部第一个节间的长度已经超过15厘米，说明新梢已经严重徒长。为了控制新梢生长，促进花序和花朵发育，无论什么品种，都应在开花前进行摘心，结果枝上的副梢全部进行单芽绝后处理。摘心后萌发的副梢，除了保留顶端的1个副梢外，其余的全部进行单叶绝后处理；顶端副梢长到8～10片叶时再次摘心，其上萌发的二级副梢从基部抹除，这次摘心后萌发的三级副梢生长超过架面后，根据田间管理需要进行剪梢处理。

2）营养枝摘心和副梢处理：对于冬芽不易萌发的品种，比如京亚、巨峰、夏黑等，为了促进基部花芽分化，可以在开花前3～5天，与结果枝在同一时间进行摘心，同时将副梢全部抹除。摘心后萌发的副梢，选留前端的1个引缚生长，其上萌发的二级副梢从基部抹除，当其生长超过架面50厘米后，再进行第二次摘心，摘心后保留顶端的1个副梢，任其生长，进入秋季后从基部剪除。

对于生长势强、冬芽易萌发的品种，比如美人指、克瑞森无核等，新梢不用摘心，其上的副梢全部进行单叶绝后处理。只有当其生长超过架面50厘米后，再进行摘心，同样摘心后只保留顶端的1个副梢，任其生长，进入秋季后从基部剪除。

（3）葡萄新梢引绑 葡萄新梢引绑的目的是使新梢均匀分布在架面

上，构成合理的叶幕层，以利于通风透光，减少病虫害的发生。一般在新梢长到60厘米以后，超过第二道拉丝（第一道引绑线）20厘米后，再进行引绑，避免因新梢过于幼嫩而被折断。

新梢引绑主要有倾斜式引绑、垂直式引绑、水平式引绑（图3-71）、弓形引绑（图3-72）及吊枝等方法。倾斜式引绑适用于各种架式，多用于引绑生长势中庸的新梢，以使新梢长势继续保持中庸，发育充实，提高坐果率，促进花芽分化。生产上采用双"十"字形架或"十"字形架的葡萄树，其新梢自然成为倾斜式引绑。

图 3-71　新梢的垂直
式引绑和水平式引绑

图 3-72　篱架新梢的弓形引绑

垂直式引绑、水平式引绑多用于单壁篱架或棚架，垂直式引绑主要用于延长枝和细弱新梢，利用极性促进枝条生长；水平式引绑多用在旺梢上，用来削弱新梢的生长势，控制其旺长；弓形引绑用于削弱直立强旺新梢的生长势，促进枝条充实，较好地形成花序，提高坐果率。具体操作为：以花序或第五至第六片叶为最高点，将新梢前端向下弯曲引绑。

吊枝多在新梢尚未达到拉丝位置时使用引绑材料将新梢顶端拴住，吊绑在上部的拉丝上。对春风较大的地区，尽量少用吊枝，因为新梢被吊住后，反而更容易被风从基部刮掉。

在河南洛阳偃师地区和河北怀来地区，当地果农采用单壁篱架纺锤树形栽培。该树形的新梢，少量进行引绑，大多数自然伸向行间（图3-73），优点是减少了新梢引绑的用工量，产量高，缺点是该

图 3-73　纺锤树形

树形只适合京亚、巨峰等冬芽不易萌发的品种，而且叶片数量过少，叶果比不合理，果实含糖量低，不容易着色。

总之，通过抹芽、定梢和新梢引绑，可以使整个架面上的每个新梢都有充分生长的空间，同时又不会造成架面的浪费（图3-74和图3-75）。

图3-74 "十"字形架新梢引绑后的架面

图3-75 水平式棚架新梢引绑后的架面

新梢引绑的材料在过去主要使用尼龙草、毛线、稻草、玉米苞叶（图3-76）等，现在葡萄生产上的引绑材料除了尼龙草外，广泛使用覆膜扎丝和覆纸扎丝（图3-77），另外，还有一种新梢固定材料，如图3-78所示，每年冬季可以从引绑线上取下重复使用。

图3-76 使用玉米苞叶引绑的新梢

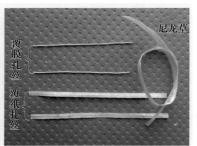

图3-77 引绑新梢的常用材料

新梢引绑的方法，过去使用尼龙草的时候，大多使用猪蹄扣绑法（图3-79）或三套节绑法（图3-80）。现在使用扎丝则采用图3-81的绑法。另外，近年来葡萄绑蔓机开始在生产上应用，但该机器是手动操作，需要专门的扎带和带针（图3-82）。

（4）除卷须 卷须不仅消耗养分，并且到处缠绕，严重影响葡萄绑蔓、副

图3-78 一种固定新梢的可重复使用的材料

梢处理等作业，因此在田间管理时，只要发现卷顺，应随时用剪刀去除。

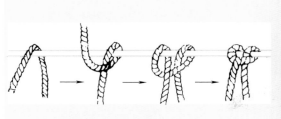

图3-79　猪蹄扣绑法

图3-80　三套节绑法

图3-81　使用扎丝的一种新梢绑法

图3-82　使用葡萄绑蔓机引绑新梢

（5）控旺梢　当葡萄进入花朵分离期后，如果花序上第一节的长度超过15厘米，说明新梢生长过旺，可于花前2～3天至见花时，使用500～750毫克/升的缩节胺（又称助壮素、甲哌鎓，图3-83）喷施新梢中上部，可显著延缓新梢生长，如果和新梢摘心配合使用，可以显著提高坐果率（图3-84）。

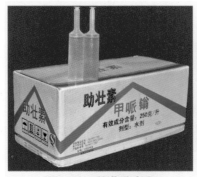

图3-83　缩节胺产品

图3-84　喷施缩节胺

葡萄套袋结束后，我国逐渐进入雨季，葡萄树会再次进入旺盛生长期，为了控制新梢生长，可以再次使用生长抑制剂，如缩节胺、矮壮素等，并配合摘心和副梢处理。

（6）环割和环剥 对生长强旺的结果枝进行环割或环剥，可以暂时中断伤口上部叶片的碳水化合物及生长素向下输送的途径，使营养物质集中供给伤口上部的枝、叶、果穗等器官，可以促进花芽形成，提高坐果率，增大果粒，增进果实着色，提高含糖量，使成熟期提早。

1）环割和环剥的时间：应根据不同目的选择不同时期进行操作。为了提高坐果率，促进花器发育，应在开花前1周内进行。为提高糖度，促进着色和成熟，在果实转色期进行为宜（图3-85）。

2）环割、环剥部位和程度：一般在结果枝或结果母枝上进行环割或环剥的效果较好。环割和环剥的位置，应在花穗以下部位节间内进行。

① 环割：用小刀或环割器（图3-86）在结果枝上割3圈，深达木质部，环割的间距约3厘米，此法操作简单、省工。

图3-85 果实转色前对结果枝进行环剥　　　图3-86 环割器

② 环剥：用环剥器或小刀，在结果枝上环刻，深达木质部。环剥宽度为2~6毫米，枝粗则宽剥，枝细则窄剥，总体而言环剥的宽度不能超过结果枝直径的1/4，然后将皮剥干净。环剥后为了防止雨水淋湿伤口，引起溃烂，最好涂抹抗菌剂对伤口消毒，用黑色塑料薄膜包扎伤口。由于环剥阻碍了养分向根部输送，对植株根系生长起到抑制作用。但过量环剥易引起树势衰弱，因此在生产上要慎重应用。

（7）除老叶，剪嫩梢 对于部分中晚熟葡萄品种，当葡萄果实进入转色期以后，新梢基部的部分老叶开始变黄，失去光合作用能力，开始消耗树体内的营养物质，对于这些老叶，应及时去除（图3-87）。有时生产上为了促进葡萄果实着色，在未套袋葡萄果实开始着色或套袋果实摘袋后，去除果实附近遮挡果实的2~3片叶，以增加光照，促进果实上色。

北方地区8月中旬以后抽生的嫩梢，秋后不能成熟，并易引发霜霉病，应对其进行摘心处理，控制其生长（图3-88），这样有利于促进枝条成熟，减少树体内的养分消耗。

图3-87 摘老叶促进果实着色

图3-88 使用绿篱机修剪嫩梢

三、休眠季葡萄树形管理

进入秋季，随着葡萄采收工作的逐渐结束，外界气温逐渐降低，葡萄植株生长开始减弱，茎秆变为褐色，冬芽上也覆了一层茸毛，植株逐渐进入休眠状态，这也预示着葡萄树的冬剪工作即将展开。对于树形培养结束的成龄树，主要工作是维持已培养成的树形，调节树体各部分之间的平衡，使架面枝蔓分布均匀，防止结果部位外移，保持连年丰产稳产。

1. 葡萄树冬剪的时期和伤口保护

葡萄树修剪的时期应在葡萄落叶后15天到第二年早春伤流前1个月。埋土防寒地区的冬剪在霜降前后开始，土壤封冻前必须完成修剪并埋入土中，对于时间比较紧迫的地区，在埋土前先进行简单的初剪，第二年出土后再进行一次复剪；不埋土防寒地区则应到树体进入深眠后修剪为好。通常修剪的时期越晚，第二年葡萄树萌芽也会越晚，春季容易发生霜冻危害的地区，可以通过晚剪推迟葡萄树萌芽，以躲避霜冻危害，但新梢生长会相对偏弱。另外，修剪用的剪和锯要锋利，使剪口、锯口光滑，以利于伤口愈合，对于比较大的伤口，还应涂抹保护剂进行保护，可以使用50～100倍液的克菌丹（图3-89）涂抹伤口。疏去1年生枝时应接近基部疏除，疏大枝时应保留1～2厘

图3-89 克菌丹

米的短橛，以避免伤口过大，造成附近枝条失水抽干。

2. 结果母枝的选留和剪截

（1）留枝量和留芽量的确定 修剪前应根据计划产量和该品种的结果枝率、萌芽率，计算出留枝量。通常亩产量为1500千克左右的葡萄园，约需要留2500个果穗、3000个新梢、1500个结果母枝，架面上结果部位每米留6个左右的结果母枝，每个结果母枝留2个饱满芽。

【提示】 对于容易发生冻害的地区，葡萄冬剪时应多留出10%的结果母枝作为预备枝，以弥补埋土、上下架、冻害等造成的损失。

（2）结果母枝的修剪方法 对于树形培养结束的葡萄园，葡萄树的修剪其实就是结果母枝的修剪。常用的修剪方法主要有2种——单枝更新和双枝更新。

1）双枝更新修剪法。选留同一结果枝组基部相近的2个枝为一组，下部枝条留2~3个芽进行短截，作为预备枝；上部枝条留3~5个芽进行剪截（图3-90和图3-91）用于结果。该修剪方法适用于各葡萄品种，通常要求结果母枝之间有较大的间距空间，供第二年的新梢生长，但目前该修剪方法在葡萄生产上已被逐渐淘汰。

图3-90 单干水平树形结果
母枝的更新修剪

图3-91 独龙干树形结果
母枝的更新修剪

2）单枝更新修剪法。冬剪时将结果母枝回缩到最下位的1个枝条，并将该枝条剪留2~3个芽短截作为第二年的结果母枝。这个短梢枝即是第二年的结果母枝，又是第二年的更新枝，结果与更新合为一体（图3-90和图3-91）。

近年来，随着葡萄园用工成本的迅速增加，机械修剪和省工修剪成为主流，双枝更新在葡萄树修剪上的使用逐年减少，单枝更新修剪成为主流。对于花芽分化节位低的品种，比如京亚、巨峰、夏黑、户太8号等，留基部 2 个芽进行短截，每米长的架面保留 6 ~ 8 个结果母枝。对于结果部位偏高的品种，比如红地球，留 3 ~ 4 个芽进行短截，每米长的架面保留 5 ~ 6 个结果母枝。采用该修剪方法的葡萄园，应当严格控制新梢旺长，促进基部花芽分化，提高基部芽眼萌发的结果枝率。

⚠️ **【注意】** 人工修剪的葡萄园需要注意的是，在对每株葡萄树进行修剪前，首先应当剪除那些未成熟老化的枝条，其次是剪除带有严重病害或虫害的枝条，最后才是结果母枝的选留和剪截。对于采用机械修剪的葡萄园，当机械修剪过后，还应进行人工复剪，图 3-92 和图 3-93 为常用的葡萄树冬季修剪机械。

图 3-92　坐骑式葡萄树　　　　图 3-93　悬挂式
冬季剪枝机　　　　　葡萄树冬季剪枝机

3. 结果枝组的更新

随着树龄的增加，结果部位会逐年外移，当架面已经不能满足新梢正常生长的时候，就要对结果枝组进行更新。

（1）选留新枝法　葡萄主蔓或结果枝组基部每年都会有少数隐芽萌发形成的新梢，对于这些新梢要重点培养，使其发育充实，冬季留 2 个饱满芽进行短截，培养成结果母枝，将原有结果枝组从基部疏除，对第二年春天结果母枝萌发出的 2 ~ 3 个新梢进行重点培养，即成为新的结果枝组。（图 3-94）。

（2）极重短截法　在结果枝组基部留 1 ~ 2 个瘪芽进行极重短截，第二年春天这些瘪芽有可能萌发出新梢，然后从这些新梢中选留出 1 ~ 2 个生长健壮的新梢重点培养，第二年冬季选留靠近基部的 1 个充分老化成熟的枝条作为结果母枝，留 2 ~ 3 个饱满芽进行短截，即成为新的结果枝组（图3-95）。

对于个别严重外移的结果枝组，可以单独使用上述2种方法中的一种，如果大部分结果枝组都严重外移，可以参照下面介绍的问题树形矫正的内容。

对当年春季选留培养的枝条,冬季留2~3个芽进行短截,疏除衰老枝组

对第二年萌发的2~3个新梢重点培养,冬季进行单枝更新修剪

图3-94 选留新枝法培养结果枝组

对衰老的结果枝组冬季进行极重短截

对第二年春季萌发培养的枝条冬季进行短截

图3-95 极重短截法培养结果枝组

4. 问题树形的矫正

（1）中部光秃树形的矫正 对于中部光秃的葡萄树，冬季将光秃部位邻近枝组上的枝条留6～10个芽进行长梢修剪，弓形引缚到光秃部位。如果后部有枝就向前引绑，如果后部无枝，也可选前部枝条向后引绑，当抽生的新梢长达30厘米以上时，把弓形部位放平绑好（图3-96）。

（2）下部光秃树形的矫正 对于下部光秃的葡萄树，可将光秃部位前面的枝条进行中、长梢修剪后，弓形引绑到下部光秃部位，以弥补枝条（图3-97）。

图3-96 中部光秃树形的矫正

图3-97 下部光秃树形的矫正

对于中下部光秃严重的树形（独龙干树形和倾斜式单干单臂树形），如果两侧有较大的空间，可将主蔓或主干的下部折叠压入土中促其生根，对于架面上产生的空档，可以选留前端的一个枝条进行长梢修剪，然后引绑到架面的空档处，布满架面（图3-98）；也可以在主蔓的下部选择一个有隐芽的部位，春季萌芽前在隐芽的上部进行环割，刺激隐芽萌发形成新梢并重点培养（图3-99），冬季再对该新梢留6~8个芽进行长梢修剪，第二年其上会有大量新梢萌发，这些新梢按照结果母枝进行培养，冬季留2个芽进行短截，当然，也可以继续培养该侧蔓，以取代原来的主蔓。

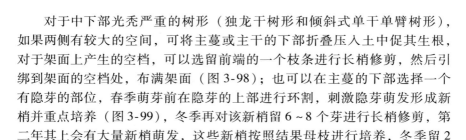

图3-98　中下部严重光秃树
　　　　形的矫正（一）　　　　　　　图3-99　中下部严重光秃树
　　　　　　　　　　　　　　　　　　　　　　　形的矫正（二）

（3）结果母枝严重外移的葡萄树形矫正　随着葡萄树龄的增加，结果母枝的位置会缓慢地向外移动，直到架面的生长空间不能满足大部分新梢生长需要，这时就要对葡萄树进行1次较大的更新。

1）单干水平树形的矫正。单干水平树形可以在结果臂基部重回缩，刺激萌发新枝，选留1~2个位置合适的新梢，按照前面介绍树形培养的内容重新培养（图3-100）。也可以选留靠近主干的1~2个结果母枝，冬季进行长梢修剪，以弓形引绑到定干线上，将原有的结果臂在靠近结果母枝的部位剪截掉（图3-101），按照前面介绍树形培养的内容重新培养。

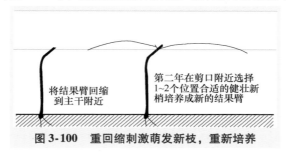

将结果臂回缩
到主干附近

第二年在剪口附近选择
1~2个位置合适的健壮新
梢培养成新的结果臂

图3-100　重回缩刺激萌发新枝，重新培养

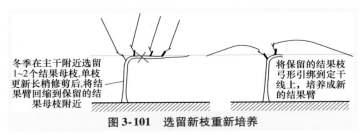

冬季在主干附近选留1~2个结果母枝,单枝更新长梢修剪后,将结果臂回缩到保留的结果母枝附近

将保留的结果枝弓形引绑到定干线上,培养成新的结果臂

图3-101 选留新枝重新培养

2）独龙干树形的矫正。对于独龙干树形的矫正，可以参照中部光秃树形矫正的内容，在下部培养新蔓，当新蔓可以取代老蔓时，再回缩到新蔓处。

第四章

葡萄花果管理

葡萄花果管理是葡萄生产中最为重要的内容之一，通过花果管理可以提高坐果率，改善果实外观，减轻病虫危害，提高葡萄果实的商品价值，是增加种植效益的主要途径。

第一节 葡萄花序管理

葡萄花序属于复总状花序，着生在叶片的对面，呈圆锥形，由花序梗、花序轴、支梗、花梗和花蕾组成，有的花序上还有副穗。葡萄花序的分支一般可达 3～5 级，基部的分支级数多，顶部的分支级数少。正常的花序，在末级的分支端通常着生 3～5 个花蕾。发育完全的花序，一般有花蕾 200～1500 个（图 4-1）。通常欧亚种的葡萄品种第一花序多生于新梢的第 5～6

图 4-1　葡萄花序

节，欧美种和美洲种则普遍着生于新梢的第 3～5 节。葡萄花序的管理主要有以下几个方面。

▶▶ 一、预防花序退化 ◀◀

当葡萄进入花序伸长期后，如果葡萄新梢生长过旺，会造成部分花序退化（图 4-2），变成卷须，尤其在温室大棚内种植的夏黑葡萄，最容易出现这种问题，部分原因是保护地的气温高、地温低，根系发育缓慢而新梢生长迅速，花序因新梢和叶片的竞争，导致营养缺乏，从而变黄退化、脱落。当发现新梢生长过

图 4-2　花序退化

旺，花序出现黄化现象时，首先应控制温度和肥水，同时在花序上 4~6 片叶进行摘心，叶面喷施 0.3% 的磷酸二氢钾溶液 + 海藻素叶面肥 + 中微量元素叶面肥。

▶▶▶ 二、疏 花 序 ◀◀◀

葡萄树的 1 个结果枝上，通常会带有 1~3 个花序。为了维持树势，调控产量，应在花序分离期疏花序。弱树和中庸树要早疏，旺树可以晚疏，以花压树，防止营养生长过旺，导致花序退化。首先应疏除发育不良的花序，包括弱小、畸形的花序，使有限的养分集中供应保留的优良花序；其次是疏除结果枝上多余的花序，对一般鲜食品种来说，中庸枝和旺枝保留 1 个花序，弱枝不留花序，营养枝与结果枝的比例为 1:(3~4)，具体操作时应疏除伸向行上的花序，保留伸向行间的花序（图 4-3）。关于新梢生长势强弱的判定可以参考图 4-4。

图 4-3　葡萄疏花序

图 4-4　判定葡萄新梢生长势的形态指标

▶▶▶ 三、拉长花序 ◀◀◀

有些品种的葡萄果梗较短，果粒着生紧密，在果实膨大过程中，果粒易互相挤压而引起一系列问题，如果粒变形、裂果等。为了解决这个问题，常用果穗拉长剂进行处理，使穗串松散，果粒均匀，从而提高果实的商品价值。目前主要采用赤霉素，一般是在花序分离期，花序长度为 7~10 厘米时（图 4-5），用 4~5 毫克/升的赤霉酸（GA_3）或美国奇宝（图 4-6）（4 万~5 万倍）药液均匀浸蘸花序（图 4-7）或采用喷施的方式，可拉长花序 1/3 左右（图 4-8），减少疏果用工量。拉长花序一般不宜过早或离花期太近，否则可能出现严重的大小粒现象；使用浓度也不易过高，否则可能会引起果穗畸形（图 4-9）。

图 4-5　适宜拉长葡萄花序的时期

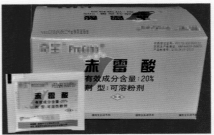

图 4-6　适于拉长葡萄花序的药剂

图 4-7　将花序浸蘸药液

使用葡萄拉长剂处理的花序

正常生长的花序

图 4-8　巨玫瑰葡萄花序使用花序拉长剂的效果对比

图 4-9　高浓度赤霉素
处理产生的药害

四、花序整形

通过葡萄花序整形可以控制花序的大小和形状，使花期养分集中供应，从而使开花期相对一致，提高保留花朵的坐果率，减少后期果穗修整的工作量。

1. 常规花序整形

该方法为大多数葡萄品种的常规修整方法。具体操作为见花前 2 天至见花第三天，将巨峰系品种的副穗及其以下 3~4 个小穗去除，保留中间 15~20 个小穗，去除穗尖（图 4-10）。花序经过修整，将来发育成的果穗如图 4-11 所示。

图 4-10　常规花序整形

图 4-11　常规花序整形发育成的果穗

2. 仅留穗尖式花序整形

仅留穗尖式花序整形（图 4-12）是无核化栽培的常用整形方法。花序整形的适宜时期为开花前 1 周至始花期。具体操作为巨峰系品种如巨峰、京亚等，一般保留穗尖 6~8 厘米 10~12 个分枝，其余的分枝和副穗全部去除；二倍体和三倍体品种，比如魏可、美人指、夏黑等品种，一般保留穗尖 8~10 厘米 12~15 个分枝。花序经过此种方法修整，将来发育成的果穗如图 4-13 所示。

图 4-12　仅留穗尖式花序整形

3. 剪短过长分枝花序整形

夏黑、巨玫瑰、阳光玫瑰等品种常用此法。具体操作为见花前 2 天至见花第三天，使用剪刀先将副穗去掉，然后再将花序上部的 2 个分枝去除，其他分枝剪留成长度约2厘米的短分枝，将整个花序整成圆柱形（图4-14），花序长短此时不用整理。花序经过此种方法修整，最终发育成的果穗如图4-15所示。

图4-13　仅留穗尖式花序整形发育成的果穗　　图4-14　剪短过长分枝花序整形　　图4-15　剪短过长分枝花序整形发育成的果穗

4. 隔二去一分枝花序整形

红地球、圣诞玫瑰、红宝石等花序分枝既多又长的葡萄品种常用此法。具体操作为在见花前2天至见花第三天，使用剪刀去除副穗及其上部的2个分枝，然后沿花序从上到下每隔2个分枝疏除1个分枝（图4-16）。该方式简单实用，果穗大小适中、松散，通风透光性好，但果穗中部伤口多，易得病，应注意使用药剂进行预防。花序经过此种方法修整，最终发育成的果穗如图4-17所示。

图4-16　隔二去一分枝花序整形　　图4-17　隔二去一分枝花序整形发育成的果穗

第二节 葡萄果穗管理

葡萄坐果后，部分欧亚种葡萄和使用保果剂的葡萄，其结果会出现超载现象，果粒之间相互拥挤，不仅影响果粒生长，导致果粒大小不一、穗形不整齐，而且影响果粒着色，甚至相互挤压造成裂果，引发病害。

➤➤ 一、疏果穗和剪穗尖 ◀◀

应在幼果期进行疏果穗操作。首先将畸形果穗、带病果穗、极松散果穗、大小粒严重的果穗、受绿盲蝽危害带有黑色斑点果粒过多的果穗疏除。其次是按照计划产量，将超出计划的果穗疏除，通常生产精品果的葡萄园，每亩保留的果穗数不超过 2000 穗，大众果的葡萄园不超过 3000 穗，每株树上 5 个新梢留 4 穗果或 3 个新梢留 2 穗果。对于生长较弱的葡萄品种，比如粉红亚都蜜、红巴拉多等葡萄品种，应及早进行；对于生长势旺盛、容易徒长的品种，比如夏黑、阳光玫瑰等葡萄品种，疏果穗的时期可以适当往后推迟，只要在果实封穗期以前完成即可。

对于采用剪短过长分枝花序整形的葡萄品种，比如夏黑，应在幼果期将过长果穗的穗尖剪除，保留 18 厘米左右。另外，使用拉长剂处理的花序，如果坐果后果穗过长，也应剪除穗尖，保留的果穗长度不应超过 20 厘米。

➤➤ 二、疏果粒 ◀◀

疏果粒的目的在于促使果粒大小均匀、整齐、美观，果穗松紧适中，防止挤压变形，以提高商品价值。疏果粒一般分 2 次进行。

1）第一次疏果粒从幼果期到果实膨大期均可操作，通常与疏穗一起进行。首先将病虫危害果去除，其次将过密的分枝和果粒去除（图 4-18）。对于大多数品种，在幼果进入第一次膨大期后进行疏果粒，时间越早，增大果粒的效果也越明显。但对于容易出现大小粒的葡萄品种，由于种子的

图 4-18　第一次疏果粒

存在对果粒大小影响较大，最好等到大小粒明显时再进行。第一次疏果粒操作一定要到位，常见的问题是担心果粒不够用，不舍得疏去果粒。具体每个果穗保留多少果粒，可以参照表 4-1。

表 4-1   不同单粒重葡萄品种的疏果粒标准

品 种 类 型		每穗果粒数/粒	果穗重/克
有核品种	小果粒品种（单粒重 < 12 克） 如夏黑、巨玫瑰	70 左右	600 左右
	中果粒品种（单粒重 12～15 克） 如红地球	50 左右	600 左右
	大果粒品种（单粒重 > 15 克） 如藤稔、黑色甜菜	40 左右	600 左右
无核品种	小果粒品种（单粒重 < 4 克） 如红宝石无核、火焰无核	170 左右	600 左右
	中果粒品种（单粒重 4～6 克） 如红艳无核	120 左右	600 左右
	大果粒品种（单粒重 > 6 克） 如膨大剂处理后的无核白鸡心	90 左右	600 左右

2）第二次疏果粒一般在果实封穗期进行。这一次疏果粒格外重要，因为这次之后葡萄果实将进行套袋，必须将病虫危害果粒、裂果果粒、小果粒和局部拥挤的果粒剔除。如果这次操作时果粒过于紧密，剪刀已经无法伸到果穗内部，比如使用果实膨大剂的夏黑果实，可以徒手将果粒摘掉（图4-19）。

图4-19   第二次疏果粒

⚠️ 【注意】 每次完成疏果粒后，应该及时喷施 1 次防治白腐病和炭疽病的杀菌剂，以降低疏果粒时剪口感染病菌的概率，同时应加强园区的肥水管理，促进保留果粒的生长。

▶▶▶ 三、果实套袋 ◀◀◀

1. 果袋的种类

第二次疏果粒结束后应及时喷药和套袋保护。目前常用的果袋有大、中、小 3 种型号，果袋宽 18～28 厘米、长 24～39 厘米，材质有无纺布袋（图4-20）、塑膜袋（图4-21和图4-22）和纸袋，纸袋又分为白色木浆袋（图4-23）、黄色木浆袋（图4-24）和复合袋（图4-25）。通常果袋的上口一侧附有一条长约65毫米的细铁丝，用来封口，底部2个角各有1个排水孔。

图4-20　无纺布袋

图4-21　白色透明塑膜袋

图4-22　黄色塑膜袋

图4-23　白色木浆袋（单层）

图4-24　黄色木浆袋（单层）

图4-25　复合袋

2. 套袋时间

从近几年的生产实践来看，具体套袋时期主要根据该品种果实套袋后日灼病或气灼病的发生程度而定。如果发病轻，疏果粒工作到位后，越早套袋越好，因炭疽病、白腐病是潜隐性病害，花后如遇雨，孢子就可侵染到幼果中潜伏，待到果实开始成熟时才会出现症状，造成果实腐烂。因此，为了减轻幼果期病菌侵染，应尽早套袋。如果气灼病和日灼病发生严重，则应晚套袋，在葡萄转色期之前套袋，但应加强对炭疽病和白腐病的防控。总之，北方地区套袋的时间最好错过小麦收获后、玉米成苗前大地裸露的这段高温干旱时期，这样可以减轻日灼病的发生程度。

另外，套袋要避开雨后的高温天气，尤其是阴雨连绵后突然转晴，如果此时套袋，会使日灼病加重，因此要经过1~2天，使果实稍微适应高温环境，选择在晴天下午4点之后或阴天果面无水时进行。

3. 套袋前药剂处理

套袋当天喷施1次杀菌剂和杀虫剂，常用的药剂有37%的苯醚甲环唑水分散粒剂4000倍液+80%的嘧霉胺水分散粒剂1500倍液+70%的吡虫啉水分散粒剂7000倍液，采用浸蘸方式（图4-26）或淋洗式喷雾，做到穗穗喷到，粒粒见药。喷药结束后药液一干，立即开始套袋，尽量在当天将喷药的果穗全部套完。

图4-26　果穗浸蘸药剂

4. 葡萄套袋操作规程

套袋前先将纸袋有扎丝（通常1捆100个袋）的一端浸入凉开水中5~6厘米，浸泡数秒钟（图4-27），使上端纸袋湿润，这样不仅柔软，而且易将袋口扎紧。套袋时两手的大拇指和食指将有扎丝的一端撑开（图4-28），把果穗套入果袋内。当穗梗的大部分进入果袋后，从两侧收紧

图4-27　将果袋口浸湿

图4-28　套果袋

袋口到穗梗上，然后将袋上自带的细铁丝顺时针转 1～2 圈扎紧（图 4-29），形成图 4-30 的样子。在整个操作过程中，尽量不要用手触摸果实，以免损害果粉。套袋结束后，全园再灌 1 次透水，以降低园内温度，减轻日灼病的发病程度。

图 4-29　封袋口

图 4-30　套袋完成

5. 套袋后的管理

（1）预防日灼病　为了预防日灼病，首先在夏季修剪时，应适当地在果穗附近选留几个副梢，以增加叶片，遮盖果穗；其次选用透气性好的果袋，对透气性不良的果袋可剪去袋下方的一角，促进通气；在气候干旱、日照强烈的地方，采用棚架栽培也可预防日灼病的发生；葡萄园生草也是降低果园温度的有效办法，可预防日灼病的发生。另外，在套袋前后及时灌水也可以减轻日灼病的发病程度。

（2）套袋后果实病虫害的防治　葡萄果实套袋后，虽然得到了果袋的保护，但也增加了发现病害和虫害并予以防治的难度。葡萄果穗套袋后要经常解袋观察，密切注意棉铃虫、康氏粉蚧和茶黄蓟马等容易入袋危害的害虫和果实上的炭疽病、白腐病。

6. 摘袋时期及方法

对于选用白色单层木浆袋、塑膜袋或无纺布袋的葡萄园，绝大多数葡萄品种在果袋内即可着色，但对于少数品种或选用复合袋的葡萄园，当果实进入成熟期后，则应进行脱袋处理，以促进果实着色。脱袋时应避开高温天气，防止灼伤果粒。脱袋时间应在下午 4 点后，阴天可全天进行。对于紧挨果枝的果穗，利用摘下的果袋垫到果穗和果枝的中间，防止果穗摘袋后，因刮风造成果面擦伤，影响果实的外观品质。

▶▶▶ 四、果实采收和贮藏 ◀◀◀

当果实具有了该品种固有的色泽、风味，达到完熟时就可以采收了。

高品质葡萄果实成熟的判断标准为：可溶性固形物含量达到18％以上，可滴定酸含量低于0.7％，糖酸比大于35。一般品质的葡萄果实成熟的判别方法是亲自品尝一下，感觉好吃就说明可以采摘销售了。在适宜采收期内，采收越晚，品质越好，耐贮性越好。采收应在晴天气温低、凉爽时进行。阴雨天、晴天露水未干时和光照强烈的中午都不宜采收。采收时穗上的果梗不要留太长，防止刺伤其他果穗，要轻拿轻放，并随时除去病残果粒。采收用的容器，容量不宜过大，以10千克为宜。对采收下来的果实，首先要剔除病虫果、畸形果、腐烂果和残次果，然后按照果穗色泽、大小、含糖量这3个标准将果实分级装箱。

第三节　葡萄花果管理中的常见问题及防控措施

一、葡萄落花落果和果实大小粒现象严重的原因及防控措施

1. 出现的原因

葡萄盛花以后都会有落果现象，其落果高峰期一般在盛花后7～10天至果粒长至黄豆大小时。个别品种，比如巨峰，花前管理不当还会出现落蕾现象。如果有核葡萄品种单个果穗最终保留的正常果粒能够超过40粒以上，无核葡萄品种在80粒以上，均为葡萄的正常生理现象。但当果穗上的果粒低于上述情况，果实成熟后则不能形成完整的果穗，会对葡萄生产和销售造成严重影响。葡萄落花落果和果实大小粒现象严重的原因主要有以下几个方面。

（1）品种特性　据调查，四倍体欧美种葡萄品种，比如巨峰、户太8号等，花粉萌发所需温度范围较窄，授粉受精过程对气候适应性较差，花粉萌发率低，花粉管和胚珠异常率高，容易造成授粉受精不良，从而造成落花落果和果实大小粒现象（图4-31和图4-32）。

（2）营养不良　葡萄园管理粗放，树体贮藏营养不足，不能保证花芽分化和花序的发育与果实的生长，不仅会导致花序发育退化，还会造成授粉受精不良，落花落果现象严重。但植株营养生长过旺或氮肥过量使用，也会使营养生长和生殖生长不协调，导致新梢徒长和花序果穗发育互相竞争养分，没有及时采取修剪等合理的调控措施，在花序伸长期造成花序退化，在开花期则会引起大量落花落果，形成大小粒现象（图4-33）。

图 4-31　巨峰葡萄落花落果和　　　　图 4-32　巨峰葡萄坐果正常但
果实大小粒现象同时存在的果穗　　　　果实大小粒现象严重的果穗

（3）**灾害性天气**　花期受光照、温度、降雨等条件的影响较大。如果葡萄在花期连续遇晴天，光照充足，气温较高，花器分化良好，则落花落果少；反之，花期如果遇阴雨、低温、光照不足或高温干旱（图 4-34）等不良天气，均会导致授粉受精不良，落花落果严重。尤其是在开花期遇到低温降雨天气，会导致四倍体欧美种葡萄品种如巨峰、户太 8 号，出现严重的落花落果和大小粒现象。

图 4-33　新梢旺长引起的　　　图 4-34　高温干旱天气条
　　果实大小粒　　　　　件下干热风对幼果的危害

(4) 病虫害　灰霉病（图4-35）、穗轴褐枯病（图4-36）、霜霉病等是造成花序、花序轴、花果等腐烂的重要原因。巨峰及巨峰系品种在露地条件下以发生穗轴褐枯病为主，且常与灰霉病混合发生；保护地栽培、南方避雨栽培，以发生灰霉病为主，且常与白粉病或穗轴褐枯病混合发生；西部干旱区以发生灰霉病为主。病毒病、黑痘病、蔓枯病、花期绿盲蝽危害等，都有造成严重落花落果的记录，但属于个别现象。另外，葡萄绿盲蝽对葡萄花序和幼果的危害也会造成葡萄花序退化，花蕾、幼果脱落，从而降低葡萄的坐果率。

图4-35　灰霉病造成的落花落果　　　　图4-36　穗轴褐枯病造成的落花落果

⚠️　**【注意】**　树体遮阴严重，使花序周围通风透光性不良，也会造成严重的落花落果和果实大小粒现象。

　　2. 防控措施

　　(1) 加强后期管理　应加强果实采收后的果园管理，增强树体营养水平，特别是要保护叶片，使其保持较高的光合功能，增加树体养分的积累，使花序、花蕾及雌雄配子体都能得到充分发育。

　　(2) 合理肥水　对于容易出现落花落果和果实大小粒问题的葡萄品种如巨峰，如果树体生长正常，在葡萄春季萌芽前浇过萌芽水以后，就应严格控制肥水。如果新梢没有出现严重的生长衰弱或遭遇干旱，就不要进行任何施肥和灌水，直到坐稳果以后，再及时进行补充。另外，在开花前后叶面喷施硼肥和锌肥，可促进坐果。

　　(3) 新梢摘心和副梢处理　葡萄具有明显的极性生长特点，叶片所同化的有机养料首先供给新梢顶端生长，然后再把多余的养料供给其他部分。因此，花前适时进行新梢摘心，能抑制新梢的生长，调节树体内养分的运输，促使养分流向花序，提高坐果率。具体方法有：落花落果现象较轻的品种，开花前 3~5 天，对新梢花序上的 4~5 片叶进行摘心，新梢上的副梢采用单叶绝后的办法进行处理；落花落果现象严重的品种，开花前 2~3 天，对新梢花序上的 3~5 片叶进行摘心，将新梢上的副梢全部从基部去除。如果新梢摘心过重，花序上只保留 1~2 片叶，有时会产生严重的果实大小粒现象。

（4）花前主干环剥　开花初期进行主干环剥（图 4-37）也可以提高坐果率（环剥宽度应不超过树干直径的 1/8~1/5），用塑料薄膜包扎，不要伤及木质部。

（5）利用植物生长调节剂提高坐果率

1）使用生长抑制剂提高坐果率：在花前 3~5 天对梢尖喷布 50~100 毫克/千克的矮壮素或 100 毫克/千克的缩节胺，都可以有效地抑制新梢和副梢的生长，提高坐果率。

图 4-37　主干环剥

2）使用赤霉素等保果剂提高坐果率：在生理落果初期（图 4-38），将果穗浸蘸含赤霉酸 15~25 毫克/升 + 氯吡脲 3~5 毫克/升的药液，可以有效提高坐果率。如果为了促进果粒膨大，减轻果实大小粒现象，可以在保果处理后 10~15 天的幼果迅速生长期（图 4-39）使用赤霉酸 20 毫克/升 + 氯吡脲 3~5 毫克/升的药液浸蘸或淋洗式处理果穗。

图 4-38　使用赤霉素等保果剂
处理时期的形态指标

图 4-39　第一次果粒膨大处理
时期的形态指标

需要说明的是，使用激素进行保果和膨大果粒处理，在正常年份可以有效地解决坐果率低和果实大小粒的问题，但最终效果受气候条件和处理时期影响极大。同时使用保果剂和膨大剂会使葡萄果梗变粗，加重成熟期的落果，有裂果倾向的葡萄品种会加重裂果。

（6）预防不良环境因素的影响　开花期，如果出现高温、低温或阴雨天气，往往会影响授粉受精作用的正常发挥。因此保持树势中庸健壮，并根据具体情况采取一些针对性的措施，均有利于提高坐果率。如搭建避雨棚，可以预防花期降水对葡萄授粉受精的影响。花期如遇干旱，中午已经出现叶片萎蔫的现象，则必须进行灌水，否则土壤含水量过低，花柄容易形成离层，引起子房脱落，降低坐果率。

（7）开花前病虫害防治　开花前是最重要的防治病害的时期。应根据栽培方式、地域特点、不同品种，明确造成落花落果的病害种类，采取防治措施（参照病虫害防治章节的内容）。

（8）改善葡萄园小气候　改善葡萄园小气候，主要从改善葡萄园的温度、湿度入手，使葡萄园通风、透光。具体方法为：首先搭建避雨棚，可以有效降低葡萄园的湿度，提高温度；其次应合理密植，确定出适宜的葡萄行间距，即在保证产量的前提下，做到具备"三带"——种植带、耕作带和通风透光带，使整个葡萄园通风透光；最后是合理引绑枝条，在花期使整个葡萄园的每个葡萄花序和果穗都不被叶片遮挡，都能被阳光照到，被微风吹到，从而使葡萄花序充分发育，花粉能够顺利到达柱头，完成授粉受精。

二、葡萄果实着色不良的原因及防控措施

葡萄果实的颜色和光泽度是评价葡萄果实品质的重要指标之一，也是葡萄果实的重要卖点，因此受到葡萄生产者的重点关注。但种植红色葡萄品种，比如红巴拉多、早熟红无核、红地球的葡萄园极易出现着色不良的问题。另外，部分紫红色葡萄品种，比如巨玫瑰、夏黑，当在转色期遇到长期阴雨或负载量过大时，也会出现果实着色不良的问题（图4-40～图4-42）。

1. 出现的原因

（1）品种特性和感染病毒病　葡萄果实着色的难易与葡萄品种之间有着密切的关系。通常黄绿色葡萄品种和紫黑色葡萄品种的果实比较容易着色，而红色葡萄品种，尤其是玫瑰红色葡萄品种的果实需要在直射光条件下才能充分着色，因此比较容易出现着色不良的问题。

图4-40 早熟红无核
着色不良的果穗

图4-41 巨玫瑰着色
不良的果穗

图4-42 夏黑着色不良的果穗

（2）**营养不良，负载量过大** 通常，对于叶面积比较大的葡萄品种，比如香悦，0.5千克的葡萄果实需要14～16片成龄叶；对于叶面积中等的葡萄品种，比如巨峰，0.5千克的葡萄果实需要16～18片成龄叶；叶面积小的葡萄品种，比如红地球，则需要18～20片成龄叶，才能保证葡萄果实的基本品质和果皮着色。如果低于这一比值，则有可能出现着色不良等问题。

（3）**转色期遭遇长期阴雨天气** 当葡萄果实进入转色初期，即当1穗葡萄上有几个果粒开始转色变红时，如果遇到连续超过7天以上的低温阴雨寡日照天气，大部分葡萄品种尤其是光敏感葡萄品种，比如巨峰，就会出现果实着色困难的问题，并且推迟成熟。

2. 防控措施

（1）选择容易着色的葡萄品种 在葡萄转色期容易出现寡日照的地区，在选择葡萄品种时尽量选择黄绿色和紫黑色葡萄品种，避免选择红色葡萄品种。

（2）选用无病毒苗木或耐病毒株系 在购买葡萄苗木时，尽量选择脱毒苗。带有病毒的葡萄植株，除了影响叶片的正常功能外，还会消耗大量养分，不仅影响果实着色，还会降低果实品质和葡萄的抵抗力。当无法购买到脱毒苗时，也可以选择同一品种中耐病毒的优系或单株，尽量减少葡萄病毒，尤其是卷叶病毒和扇叶病毒对葡萄品种特性的影响。

（3）改善营养条件，合理分布枝条 根据前面介绍的叶果比，尽量多留成龄叶片，并且要让枝条合理分布，每个叶片都能见到阳光，避免相互遮阴，充分发挥每个叶片的光合作用功能，有一个简单的判断标准，就是在正午时分，葡萄架下的地面上能够看到均匀分布的少量光斑（通常在10%~20%）。如果见不到光斑，则遮阴严重；如果光斑过多，则叶面积不足或分布不合理。另外，在葡萄果实进入膨大期以后，在保证氮磷供应充足的基础上，应注意钾、钙、镁、锌等中微量元素肥料的使用，满足树体的需要。

（4）葡萄环剥 在葡萄果实着色前10~15天，在果穗下部进行结果枝环剥（宽度0.2~0.3厘米），可以促进葡萄果粒提早着色和成熟（图4-43）。

（5）铺设银灰色地膜 果实开始着色后，在篱架两侧或棚架架面下铺设银灰色地膜，不但可以增加土壤湿度，还可以增加辐射光照总量和叶背面的光合作用，有利于葡萄果实的着色、成熟和含糖量的提高（图4-44）。

图4-43 在果实转色前进行环剥，促进果实成熟

图4-44 铺设白色或银灰色地膜，促进果实着色

（6）摘老叶，扭转果穗 去袋后，摘除果实周围影响光照的叶片和一些衰老的叶片，并将果穗扭转一下，可以促进果实着色全面、均匀。

（7）使用促进着色的营养物质或调节剂

1）使用海藻素等促进果实着色的物质 在葡萄果实进入转色期后使用含量为 19.7% 的海藻酸 3000 倍液，再结合中微量元素叶面肥，连续喷施果穗 3 次，每次间隔 7 天，可以有效促进果实着色，提高果实含糖量，降低含酸量（图 4-45）。

对照 处理

图 4-45 使用海藻素促进葡萄果实着色

2）使用乙烯利、ABA 或茉莉酸丙酯等植物生长调节剂促进葡萄着色 对于鲜食葡萄，应用 100～200 毫克/千克的乙烯利，于果实成熟期（有色品种有 5.0% 的果粒开始着色）浸蘸果穗，可使果实提前 4～11 天成熟（图 4-46），但乙烯利有促进果柄产生离层的副作用，对于成熟时容易落粒的品种，使用时应当慎重。

图 4-46 喷洒乙烯利促进果实着生成熟（晁无疾 供）

果皮中积累的脱落酸（ABA）是果实花青素生成的主要因素。用 ABA 处理可以提高葡萄果实的糖度，但对酸度影响不大。在葡萄的着色初期，用 100～200 毫克/千克的 ABA 浸蘸果穗，可以有效促进葡萄的着色（图 4-47）。需要说明的是，无论使用乙烯利，还是 ABA，都必须完全浸蘸整个果穗，不能遗漏任何一个果粒，因为只有药液浸到果粒上才会发生明显作用，仅是叶面喷施，效果不太理想。

　　茉莉酸丙酯是一种人工合成的植物生长调节剂，与维管束植物中普遍存在的天然植物调节剂茉莉酸（JA）的结构相似，具有相同功能和相似的作用模式，对环境低毒，已于 2013 年被美国环保署批准在果树上使用。在果实转色初期使用 50 毫克/千克的茉莉酸丙酯，再结合中微量元素叶面肥，进行喷施，尤其是直接喷施到果实上，可以有效促进果实着色（图 4-48）。使用茉莉酸丙酯的优势是在促进果实增色的同时，不会增加果穗的落粒性，不会降低果实品质。

图 4-47　使用 ABA 促进果实　　　图 4-48　使用茉莉酸丙酯处理
　　着色成熟（晁无疾　供）　　　　的葡萄果实

第五章
葡萄园土、肥、水管理

第一节 葡萄园土壤管理

土壤是葡萄根系赖以生存的环境。对土壤实行科学管理，能够提高土壤的保水保肥能力，改善土壤结构，为葡萄创造适宜的水、肥、气热环境，从而为植株地上部分的生长创造充足的水分和养分条件。表 5-1 所列为理想的土壤条件，也是土壤管理的目标。

表 5-1　理想的土壤条件

土 层 深 度	有 机 质	矿物质元素	土 壤 容 重
150 厘米以上	3.0% 以上	表 2-3、表 2-4 中 3 等级以上	1.1～1.4 克/厘米³

▶▶ 一、土壤改良 ◀◀

对于在土壤条件较差地区建设的葡萄园，如果在建园时未进行土壤改良，或仅对定植沟进行局部改良，建园后应继续进行有关土壤改良的工作。

1. 增加土层厚度

对于在土层较薄（土层厚度低于 1.0 米）的地区建设的葡萄园，如果在建园时未进行增加土层的工作，那么建园后要想尽一切方法增加土层厚度，使土层厚度达到 1.5 米以上。只有土层厚度达到这个标准以上，其蓄水保肥能力才能满足葡萄树正常生长的需求（图 5-1）。

2. 土壤结构的改良

对于土壤过于黏重或沙化的葡萄园，如果面积较小或者周围具有改良土壤质地所需基质的便利条件，则可以对土壤质地进行较为彻底的改良。土壤黏重的葡萄园，可以使用沙性土配合土壤改良剂和有机质进行深翻混匀改良；同样，土壤沙化严重的葡萄园，则可以使用黏土配合土壤改良剂和有机质进行深翻混匀改良。

图5-1　北京某酒庄拉土回填增加土层厚度

如果不具备上述条件，则只能通过增加土壤有机质，尤其是增加腐殖质的方法进行改良。在葡萄行间多施牛羊粪或腐殖质含量高的商品有机肥，每年每亩地施用充分腐熟的有机肥使用量应在3000千克以上，采用行间撒施，旋耕后深翻30~40厘米，与土壤充分混匀，促进土壤团粒结构的形成。同时，在葡萄行间进行生草栽培。

3. 土壤酸碱度的改良

土壤酸碱度不仅直接影响土壤中矿物质元素的有效性，而且氢离子和氢氧根离子还会直接对植物产生毒害作用。大多数营养元素在pH为6.5附近时其有效性较高，其中氮、钾、硫元素在微酸性、中性和碱性土壤中的有效性都比较高；磷元素在中性土壤中的有效性最高，当pH<5或pH>7时有效性降低；钙和镁在pH为6.5~8.5时其有效性最高，在强酸性和强碱性土壤中的有效性较低；铁、锰、铜、锌等微量元素的有效性在酸性土壤中较高，但当土壤为强酸性时，铁、锰、铜、锌、铝这些元素的大量析出反而会对植物产生毒害作用。关于土壤酸碱度的分级，可以参照表5-2。生产上常用的土壤酸碱度测定仪器为土壤酸碱度测定计（图5-2）。

表5-2　土壤酸碱度（pH）分级

极强酸性	强酸性	酸性	弱酸性	中性	弱碱性	碱性	强碱性	极强碱性
<4.5	4.5~5.5	5.5~6.0	6.0~6.5	6.5~7.0	7.0~7.5	7.5~8.5	8.5~9.5	>9.5

对于葡萄而言，欧亚种葡萄适宜的土壤pH为7.3~8.2，欧美种和欧美种葡萄适宜的土壤pH为6~7.3，因此只有当土壤的pH<5.5或pH>8.5时才进行土壤改良，具体标准参照第二章第一节的相关内容。

图5-2 土壤酸碱度测定计

▶▶ 二、表层土管理 ◀◀

1. 清耕和生草

清耕就是在葡萄园生长季反复中耕除草，确保整个葡萄园的地表除了葡萄树，杜绝其他任何植物生长。其优点是既可以控制杂草生长，又可以改善表层土壤的透气性；其缺点是用工量大。现在清耕管理与生草栽培相结合，葡萄行上采用清耕法，葡萄行间进行自然生草（图5-3 和图5-4）或人工种草（图5-5 和图5-6）。对于冬季需要埋土防寒的葡萄园，建议采用自然生草方式；不需要埋土防寒的葡萄园，建议种植毛叶苕子或黑麦草，既可以增加冬季葡萄园的绿色，当葡萄生长季来临后又能完成其生长周期，不与葡萄树竞争生长，增加土壤有机质含量。

图5-3 葡萄行上采用清耕法，葡萄行间采用自然生草方式的葡萄园

图5-4 葡萄行上覆膜、行间生草栽培的葡萄园

葡萄生长季　　　　　　　　葡萄休眠季

图5-5　行间种植毛叶苕子的葡萄园

图5-6　行间种植黑麦草的葡萄园

　　当葡萄树开始萌芽生长后，无论自然生草，还是人工种草，草的生长高度不能超过40厘米。超过该高度后可以使用割草机刈割（图5-7～图5-10），如果连续刈割4次以上，则使用旋耕机对葡萄行间进行深度旋耕（图5-11和图5-12），然后让葡萄行间再次自然生草。

图5-7　使用手推式割草机　　　图5-8　使用杆式割草机
　　控制葡萄行间杂草生长　　　　控制葡萄园杂草生长

图5-9 使用坐骑式割草机控制杂草生长　图5-10 使用秸秆还田机控制杂草生长

图5-11 使用四轮拖拉机驱动的　　图5-12 适用于温室、大棚等狭窄空间
旋耕机直接旋耕掩埋杂草　　　　作业的果园多功能管理机，既能
旋耕、松土，又能开沟施肥

　　在实行台田栽培或覆膜栽培的葡萄园，当除草机械难以使用，人工锄草又有困难时，也可采用化学除草方式。我国各地常用的除草剂有草甘膦、草铵膦等，进行定向喷雾，使用时严禁喷洒或使其飘逸到葡萄树上，否则将导致叶片畸形（图5-13）或新梢顶端生长点和幼叶枯死。同时，使用过除草剂的药桶、药泵一定要仔细清洗，以免产生药害（图5-14）。建议对葡萄行上的杂草最好采用人工清除和覆膜压草，尤其是幼龄葡萄树的葡萄园（图5-15）。

　　2. 覆盖

　　葡萄园的覆盖即在葡萄行上或行间覆盖地膜、地布、杂草和作物秸秆等。

图 5-13　草甘膦对新梢幼叶的危害

图 5-14　除草剂对葡萄果实的危害

图 5-15　人工拔除葡萄行上的杂草

（1）覆草　园地覆草具有保蓄水分，改良土壤结构，减轻果实日灼病及生理裂果等优点。但在南方和潮湿地区，覆草不利于果园排水，常造成土壤湿度过大，影响地温的提高，并导致根系上浮。因此该方式在北方地区应用较多。

具体方法：使用麦秆、玉米秆或稻秆，在葡萄行上铺设厚 15～20 厘米、宽 1～1.5 米的覆草带（图 5-16）。为防被风吹走，常用土埋压。对于采用覆草栽培的葡萄园，当连续覆盖 2 年后，就将全部覆盖物翻压入土，防止连年覆盖引起根系上浮。对于定植密度较低的葡萄园，可以采用树盘覆盖（图 5-17）的方式。

（2）覆膜　覆盖地膜除了可以调控地温，保蓄水分外，还可以抑制杂草生长，减轻生理裂果。

覆盖地膜一般在葡萄萌芽前后进行。气候干旱的北方葡萄产区，覆膜的目的主要是增温保墒，覆膜方式多采用行上覆膜的方式，即在葡萄行两边各覆盖宽 60～80 厘米的地膜，用土压边。为了提高地温，多使用白色地膜（图 5-18）。采用设施栽培的地区和南方葡萄产区，为了降低土壤和空气湿度，多采用全园覆盖的方式，但设施栽培的主要目的是降湿增温，因

图 5-16 行上覆盖秸秆

图 5-17 树盘覆盖秸秆

此白色地膜使用较多（图 5-19）。近年来，为了控制葡萄行上杂草的生长，多采用加厚耐老化的黑色地膜进行葡萄行上覆盖（图 5-20），既可以控制杂草生长，又可以调控土壤温湿度。对于露地栽培的葡萄园，也可以采用覆盖黑色地膜的方式控制杂草生长（图 5-21）。

图 5-18 干旱地区的行上覆盖
白色地膜用于增温保墒

图 5-19 大棚内覆盖白色地膜
用于降湿增温

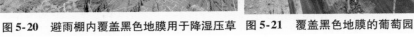

图 5-20 避雨棚内覆盖黑色地膜用于降湿压草 图 5-21 覆盖黑色地膜的葡萄园

第二节　葡萄园营养管理

▶▶▶ 一、葡萄树吸收、利用和贮藏养分的机理 ◀◀◀

葡萄树和其他作物一样都是靠根系吸收水分、养分和叶片吸收的二氧化碳合成碳水化合物，供葡萄树生长和果实发育的。要想在葡萄栽培上获得成功，首先要对葡萄树吸收、利用和贮藏养分的机理有所了解。

葡萄树对矿物质元素的吸收根据土壤、气候、栽培方式、树龄、砧木和施肥方法的不同而有所差异。氮元素的吸收量从4月后随着气温的上升而增加，8月上旬达到最高峰后开始减少；磷元素的吸收量也是缓慢增加的，到9月以后开始慢慢减少；钾元素的吸收量从发芽后开始到新梢伸长期急速增加，6月中下旬达到最高峰，随着新梢生长逐渐停止，对钾元素的吸收量急剧减少；钙元素在新梢旺盛生长的5~6月吸收量最多，到9月中旬开始急速减少；镁元素的吸收量也是随着葡萄树萌芽生长缓慢增加的，7月达到高峰后逐渐减少。进入秋季后，叶片的光合作用逐渐减弱，制造的养分开始缓慢回流，贮藏到枝条、主干和根系内。

葡萄树贮藏的养分以糖为主，另有少量的氨基酸、蛋白质和无机盐等。充足的养分贮备可以提高树体的抗寒性。当早春地温达到10~15℃后，葡萄树结束休眠，开始产生伤流，树体贮藏的淀粉分解为糖，根系恢复活力，但这时的根系吸收力较弱，不能充分吸收土壤中的养分，树体的生长发育主要利用上一年贮藏的养分。如果上一年早期落叶或负

**图 5-22　葡萄树体越冬养分贮藏
不足造成新梢生长时叶片黄化**

载过量，则会造成树体养分贮藏缺乏，当年葡萄树的萌芽推迟、不整齐，新梢生长缓慢、发黄，叶片小（图 5-22）。

>> 二、施肥量 <<

由于葡萄树对矿物质元素的吸收受到多种因素的影响，比如土壤状况、降水、葡萄品种、田间管理措施等，因此很难计算出准确的施肥量，只能根据已发表的一些研究成果，结合自身的生产经验和对土壤、树体营养诊断的结果，确定出较为合理的施肥量。

首先要知道葡萄树每年对主要矿物质元素的吸收量，也就是前面提到的氮、磷、钾、钙、镁、硼、锌等几种容易缺乏的矿物质元素的吸收量。根据韩南荣编著的《葡萄有机栽培新技术》，土壤有机质含量在 3% 以上的葡萄园，当 1.5 亩产量为 2500 千克时，需要氮 15 千克、磷 7.5 千克、钾 7.5 千克、镁 2.5 千克，换算成亩产 1666.6 千克的果实，则需要氮 10 千克、磷 5 千克、钾 5 千克、镁 1.6 千克。根据表 2-6 所列我国常见矿物质元素肥料及其含量计算，则需要尿素 21.7 千克、过磷酸钙 25～35 千克、硫酸钾 10 千克、硫酸镁 5.5 千克。不同产量的葡萄园对矿物质元素的吸收量可以参照表 5-3。

表 5-3　1.5 亩葡萄园不同产量对矿物质元素的吸收量

果实产量/千克	氮/千克	磷/千克	钾/千克	镁/千克
1000	6.0	3.0	3.0	1.0
1500	9.0	4.5	4.5	1.5
2000	12.0	6.0	6.0	2.0
2500	15.0	7.5	7.5	2.5

根据韩南荣编著的《葡萄有机栽培新技术》，当葡萄园土壤有机质含量达到 3%～5%，每年每 1.5 亩地施用 3000 千克的堆肥，对恢复土壤的物理结构有很大的好处，当有机质含量达到 5% 以上时，每年每 1.5 亩地施用 1000 千克的基肥能维持土壤的肥沃程度。而我国葡萄园的土壤有机质含量多在 1% 以下，如果要将土壤耕作层有机质的含量提高到 3% 以上，每年每亩的腐熟有机肥使用量须在 5000 千克以上，且连续施用 4 年以上，并结合果园生草，才能达到上述标准。

根据上面的内容，笔者认为我国一个亩产量为 1500 千克的葡萄园，每年施用的有机肥应在 5000 千克以上、尿素 22 千克以上、过磷酸钙 25 千克以上、硫酸钾 15 千克以上、硫酸镁 5.5 千克以上、硫酸锌 2 千克以上、硼砂 2.5 千克以上，硫和钙在上述肥料中已经含有，其他中微量元素有机肥和土壤已经可以满足葡萄树的生长需要，故不需要单独施用。

▶▶ 三、施肥时期和具体用量 ◀◀

葡萄树的施肥大致分为施底肥和追肥。底肥又称基肥，施底肥是葡萄园全年施肥中最重要的一次施肥，占到有机肥使用量的80%以上，矿物质元素肥料（化肥）的60%以上。生长季追肥主要用于补充葡萄树需要的大中量元素及少量的微量元素，主要是氮、磷、钾、镁、钙、硼、锌等，占总用量的40%左右。葡萄树总的施肥量，必须根据葡萄树的产量、土壤现有的供应量等因素来确定。现以亩产量1500千克，土壤有机质含量在1%以下的葡萄园为例来介绍。

1. 施底肥

（1）施肥时期　北方地区在每年的9月中旬进行，9月下旬结束；南方地区在9月下旬进行，10月上旬结束。此时正值葡萄根系一年内第二次生长高峰期，及时深耕施肥有利于受伤根系促发新根，增加树体养分贮备，提高植株的越冬抗寒能力，确保第二年树体萌芽早且整齐。最好不要在冬季和早春开沟施基肥。

（2）肥料的种类和用量　肥料的种类主要包括：充分腐熟的有机肥（现在有专门的厂家生产）、葡萄树必需的矿物质元素有机肥。必须使用充分腐熟的有机肥，未腐熟的有机肥首先可能会含有大量寄生虫和病原菌，其次是可能会含有大量的抗生素和其他未知的物质，最后是含有大量的氮肥，会增加树势调控的难度。具体用量为腐熟有机肥每亩4000千克以上、尿素13千克以上（对于种植容易落花落果的四倍体欧美种的葡萄园，比如巨峰品种的葡萄园等，底肥中可以不含有氮肥）、过磷酸钙15千克以上、硫酸钾6千克、硫酸镁3.3千克、硫酸锌2千克以上、硼砂2.5千克。

（3）施肥方法　篱架栽培和棚架栽培的葡萄园，挖施肥沟的位置有所不同。篱架葡萄在任意一侧都可以，棚架葡萄则在棚架下进行较好，因为根系的生长和枝条的生长具有同向性。对于第一次施底肥的葡萄园，应离葡萄植株40～50厘米，将准备施用的底肥条状撒施到葡萄行的一侧，宽度30～50厘米，然后使用旋耕机旋耕2～3次，使肥料与土壤充分混匀，再用小型挖掘机（图5-23）或开沟机（图5-24）在施肥带上开沟。如果使用挖掘机，将挖出的土直接填回原处即可；如果使用的是开沟机，则开挖出的土需要重新回填。对定植株数较少的葡萄园，也可以开挖长宽各1米、深

0.5 米的施肥坑，将肥料和土壤混匀后回填。对于使用颗粒状肥料的葡萄园，也可以使用图 5-25 所示的机械。

图 5-23　可用于葡萄园作业的小型挖掘机

图 5-24　可用于葡萄园作业的拖拉机驱动的开沟机

　　对于没能秋施底肥的葡萄园，可在第二年春季萌芽前，将肥料撒入葡萄行间，用旋耕机将肥料浅翻入土，灌一次透水。但在我国北方的非埋土防寒区有底肥冬施的习惯，并且施用的有机肥为未腐熟的生肥（图 5-26），虽然存在种种弊端，但有总胜于无，需要注意的是，使用的有机肥必须来源清晰，不能含有有害物质，而且施用的时候必须与土混匀，距离应在 50 厘米以上。

图 5-25　振动深松施肥机

图 5-26　我国常见的冬施底肥

2. 追肥

　　追肥应在生长期进行，以促进植株生长和果实发育为目的。追肥以速效性化学肥料为主，比如尿素、过磷酸钙、硫酸钾。成龄园在距葡萄植株 50~60 厘米处挖 10~15 厘米的浅沟，将肥料均匀撒于沟内，后将沟填平。

避免将肥料撒到土壤表面，简单地用水一冲了事，既造成肥料浪费，又起不到肥效（图5-27）。

具体操作应根据葡萄在一年中的生长发育进程及对养分种类的需求，确定追肥的施肥时期、种类和数量，虽然我国南北各地葡萄的物候期差异较大，但总体上追肥主要包括以下几个时期。

图5-27　随水冲施造成的肥料浪费

（1）催芽肥　主要针对的是没有施用底肥的葡萄园，对于按照要求施用底肥的葡萄园或种植容易落花落果的四倍体欧美种葡萄品种的葡萄园，可以不进行该次追肥（如果树体萌芽后，出现新梢生长缓慢、叶片发黄等缺肥症状时，也应及时追肥）。不埋土防寒区在萌芽前半个月进行；埋土防寒区多在出土上架，土壤整畦后进行。这次追肥主要以氮肥为主，一般每亩施尿素10千克（磷酸二铵复合肥25千克）、硫酸钾10千克、过磷酸钙20千克、硫酸镁3千克。如果施用磷酸二铵，则不施用过磷酸钙。

（2）花前肥　花前肥一般在葡萄开花前7~10天，花序开始拉长的时候施用，目的是抑制开花期新梢徒长和促进花朵的授粉受精。主要采用叶面喷施的方式。每亩叶面喷施0.2%的硼酸20~30克，0.3%的硫酸锌30~50克，0.5%的磷酸二氢钾50克。

⚠️ **【注意】**　硫酸锌和硼酸不能混喷。

（3）膨果肥　在谢花后，幼果黄豆大小时施膨果肥。幼果生长期是葡萄需肥的临界期，是所有葡萄园都必须施用的一次追肥。此次追肥以氮肥为主，磷、钾肥配合施用。对于按照标准秋施底肥的葡萄园，每亩施磷酸二铵15千克、硫酸钾2千克、腐熟的有机肥150千克（或尿素5千克、硫酸钾2千克、腐熟的有机肥150千克），混匀后开沟条施入土。对于没有使用底肥的葡萄园，每亩土施磷酸二铵30千克、硫酸钾20千克（或尿素20千克、过磷酸钙25千克以上、硫酸钾10千克以上）、硫酸镁2千克以上。叶面喷施0.5%的磷酸二氢钾1~2次，每次每亩喷施50克左右。

（4）转色肥　果实封穗后转色前施转色肥。此期施肥，以钾肥为主，提高着色率，提高果实含糖量，促进枝条正常老熟。对于按照标准秋施底肥的葡萄园，每亩施磷酸二铵 5 千克、硫酸钾 3 千克、腐熟的有机肥 150 千克（或尿素 3 千克、硫酸钾 3 千克）混匀后开沟条施入土。对于没有施用底肥的葡萄园，每亩施磷酸二铵 20 千克、硫酸钾 20 千克（尿素 10 千克、过磷酸钙 10 千克以上、硫酸钾 10 千克以上）、硫酸镁 2 千克以上。叶面喷施 0.5% 的磷酸二氢钾 1~2 次，每次每亩施用 50 克左右。另外，为了促进果实着色，可以使用海藻素结合中微量元素叶面肥，间隔 7 天喷施 2~3 次。

（5）采果肥 葡萄果实采摘后正是植株营养积累的关键时期，而且根系进入年内第二次生长高峰，及时追施部分速效性肥料，并结合进行叶片喷肥，对恢复树势，增加贮藏养分，以及提高植株越冬能力十分有利。对于早熟和中熟葡萄品种，可以在果实采收后立即施用，每亩地施用腐熟的有机肥 200 千克左右、磷酸二铵 10 千克左右。对于晚熟品种，可以和秋施底肥结合起来。

对于采用滴灌方式的葡萄园，可以将肥料溶解到水中，通过滴灌系统定点施肥，所以肥料的种类、施肥量和灌水量也相应地进行调整。通常按照单样肥料 0.1%~0.3%，总剂量不超过 1.0% 的标准进行追肥。目前有专业生产冲施肥的厂家，可以按照前面葡萄树对常用矿物质元素的需要量进行换算后，在相应的施肥时期施用。需要注意的是，当肥料顺水施完后，还应使用清水滴灌 1 小时以上，以便让肥料顺水充分渗入土壤中。图 5-28 和图 5-29 为滴灌系统配套的施肥装置。

图 5-28 和滴灌系统配套的施肥罐　　图 5-29 滴灌系统配套的施肥器

⚠️ **【注意】** 如果采用土壤施肥，必须和灌水结合起来，否则难以发挥肥效。

第三节　葡萄园水分管理

一、灌水时期

根据我国气候特点和葡萄品种各发育阶段的需水特性，葡萄园的主要灌水包括萌芽水、新梢生长水、果实膨大水、果实转色水、采果水和封冻水。以上各次灌水，除了新梢生长水和封冻水以外，都应和追肥结合起来，不走空水。另外需要说明的是，对于种植四倍体欧美种的葡萄园，为了控制开花期的新梢生长，促进坐果，开花前可以严格控制灌水；果实进入转色期以后应灌一次透水，然后再控制灌水，如果葡萄成熟后出现干旱，也应适当灌水，避免因缺水造成果穗和果粒萎蔫。

二、灌水方式及相应的设施

1. 沟灌

沟灌即席灌，是我国葡萄园传统的灌水方法，适用于地势平缓的园地（图5-30）。该灌水方式的优点是灌水量足，灌一次水能维持较长时间，但土壤易板结，适宜在水源充足的地区采用。

图5-30　沟灌

2. 滴灌

滴灌可以节约用水，节省劳力，能使土壤保持最适含水量，避免土壤板结，适用于各种地形和土壤。采用滴灌可以将化肥随水施用。其缺点是投资大，灌溉材料易在果园管理过程中遭破坏，所以在架设滴灌管时，应避免将其铺设到地面上，而应架设到架材系统上（图5-31）。

图 5-31　行上滴灌

3. 微喷

微喷又称微灌，即在树冠下装置数个微量喷洒器（微量喷头），具有省水、不易阻塞等优点。通常一个喷头每小时可喷射 60~80 升水（图 5-32）。

图 5-32　树下微喷

▶▶▶ 三、防渍排水 ◀◀◀

葡萄相对于其他果树较为耐涝，但如果长时间渍水，也会影响植株的正常生长。因此，葡萄园防渍排水工作也是管理的一项重要技术措施，尤其在低洼地区或雨水较多地区的葡萄园，更应注意。该项工作在建园时就应该充分考虑。

第六章
葡萄设施栽培技术

>>> **一、葡萄设施的种类及其建造** <<<

我国常见的葡萄设施主要有大棚、温室和简易避雨棚。

1. 大棚

大棚主要分为单栋大棚（图6-1和图6-2）和联栋大棚（图6-3～图6-5），根据使用的材质又分为全钢构大棚（图6-1和图6-5）和混合结构大棚（图6-2和图6-4）。混合结构大棚主要使用水泥柱、不锈钢管、竹木等。透光材料多采用聚氯乙烯（PVC）或聚乙烯（PE）无滴防老化薄膜，薄膜厚度多为0.05～0.12毫米，部分高档大棚也会采用钢化玻璃或阳光板作为透光材料。有时为了增加保温效果，会在棚膜外再增加一层棉被，白天收起，傍晚放下。在风大的地区还会在薄膜上加装防风网（图6-6）。

图6-1　单栋钢构塑料大棚

图6-2　混合结构的单栋大棚

图6-3　联栋大棚

图6-4　混合结构的联栋大棚

图 6-5 全钢结构的联栋大棚　　　图 6-6 大棚棚膜外侧的防风网

　　塑料大棚为南北走向，单栋大棚的棚宽 6～15 米，棚长 50～100 米，棚脊高 3～4 米，呈圆拱形，棚门设在背风的南部；联栋大棚，每栋的棚宽 4～6 米，棚长 50～100 米。对塑料大棚的设计应以保温、经济、实用、便于操作为原则。对于小型葡萄园，可以自行设计和施工，对于面积较大的葡萄园，可以聘请专业的设计和建筑安装公司进行施工。

　　2. 温室

　　葡萄温室与大棚的区别在于温室为东西走向，并且北侧和东西两侧各有一道用于保温的墙体（图 6-7）。温室的南北跨度为 6～15 米，东西长度 60～120 米，顶高 3～4 米，后墙高 2.5～3.5 米，后墙和侧墙的墙厚度为 50～120 厘米。目前生产上常见的有土墙钢架结构温室（图 6-8）和砖混钢架结构温室（图 6-9）。在冬季比较寒冷的地区，为了增强温室的保温性能，常将温室进行下嵌，温室内地面低于外界地面 30～60 厘米，墙体厚度超过 1 米，个别地区超过 1.2 米，并在温室内安装加温设备。为了增强通风效果，会在后墙上设置通风口，平时关闭，通风时打开（图 6-10）。

图 6-7 温室　　　　　图 6-8 土墙钢架结构温室

图6-9　砖混钢架结构温室

图6-10　温室后墙上的通风孔

　　温室的透光材料与大棚相似，多采用聚氯乙烯（PVC）或聚乙烯（PE）无滴防老化薄膜，但薄膜厚度多为0.08～0.12毫米，同样部分高档温室会采用阳光板或钢化玻璃作为透光材料。温室普遍在塑料薄膜外侧设置保温被，使用自动卷帘机进行收放（图6-11）。保温被过去多用稻草制作，现在已有专门的厂家进行生产，但在选购时应注意保温被除了保温效果好，还应耐老化、防水防风、收放自如。在部分风大的地区，会在棚膜外侧加装防风网（图6-12），防止大风掀膜。温室的建造最好聘请专业的设计和建筑安装公司。

图6-11　用于温室收放棉被的自动卷帘机

图6-12　温室棚膜外侧安装的防风网

3. 简易避雨棚

　　简易避雨棚是一种介于大棚栽培和露地栽培之间的设施类型。它具有降低园中土壤水分和空气湿度，有效减轻黑痘病、炭疽病、白腐病、霜霉病的发病程度，减少喷药次数和用药量等优点。同时也具有一些明显的问题，如光照减弱、棚温偏高，导致枝蔓徒长，果实着色和成熟推迟；部分病虫害，比如白粉病、红蜘蛛和蚜虫危害加重等问题。

(1) 避雨棚的规格 简易避雨棚的棚宽 1.2 ~ 2.0 米，棚高 1.8 ~ 2.5 米，棚长 50 ~ 100 米，适用于行距为 2 ~ 3 米的单壁篱架和双"十"字形架的葡萄园。简易避雨棚主要由立柱、横梁、纵梁（通常为左、中、右三道）、拱杆、棚膜和压膜线等组成。立柱多为水泥预制（图 6-13），粗度为 8 厘米 × 10 厘米，长度为 280 厘米以上，或镀锌矩钢（图 6-14），粗度为 5 厘米 × 7 厘米，长度为 250 厘米以上；横梁多为直径 5 厘米以上的镀锌钢管（图 6-15），或直径 0.3 厘米以上的镀锌钢丝或钢绞线（图 6-16）；纵梁的中梁可以为直径 4 厘米以上的镀锌钢管或粗度为 4 厘米 × 4 厘米的镀锌矩钢，也可以是直径 0.3 厘米以上的镀锌钢丝（图 6-17），左右两侧的纵梁则使用直径 0.2 厘米以上的镀锌钢丝；拱杆可以为宽度 5 厘米以上、厚度 0.5 厘米以上的竹片，也可以是直径 2 厘米以上的镀锌钢管或直径 0.5 厘米以上的镀锌钢筋（图 6-18），长度则根据棚宽和拱杆的弧度测算；棚膜一般选用厚度为 0.03 ~ 0.05 毫米的塑料薄膜。

图 6-13　覆膜后的避雨棚

图 6-14　全钢构简易避雨棚

图 6-15　横梁为镀锌钢管的简易避雨棚

图 6-16　横梁为镀锌钢丝的简易避雨棚

图6-17　纵梁为镀锌钢丝的简易避雨棚

图6-18　拱杆为镀锌钢管或镀锌钢筋的简易避雨棚

（2）**避雨棚的搭建**　如果是对现有葡萄园进行改造，需在原有立柱的基础上加高60～80厘米（图6-19）。新建的葡萄园，在设计和浇制钢筋水泥桩时，比露地栽培的立柱长60～80厘米。立柱埋设好后，在加长部位的中间安装横梁，横梁要与左右两侧的立柱连成一体，然后在立柱的顶端和横梁上安装三道纵梁。

纵梁安装好后，测量一下横梁两端和水泥桩顶这一圆弧的长度，作为裁剪拱杆、棚膜的依据，拱杆的长度应略大于圆弧长度6厘米左右，棚膜的宽度则要大于圆弧长度12厘米左右。

拱杆在纵梁上的间距为60～90厘米，拱杆的两端和中间必须固定到纵梁上。对于使用竹片拱杆的葡萄园，可以在竹片上打孔，然后使用塑膜扎丝固定（图6-20），也可以使用固定夹固定（图6-18）。

图6-19　建园后改造的简易避雨棚

图6-20　使用塑膜扎丝固定拱杆

避雨棚的棚膜安装，首先将薄膜搭到拱棚骨架上，然后将薄膜的一端固定到边柱或拉线上，然后从固定薄膜的一端开始将薄膜展开，边展开边将薄膜向另一端拉展，同时将薄膜的一侧固定到一侧的纵梁上，重复该项操作，直到拉展至葡萄行另一端的边柱，将薄膜固定到边柱上，然后从该位置返回，从未固定薄膜的那一侧，将薄膜拉紧，然后固定到这一侧的纵梁上即可，重复该项工作，直到葡萄行的另一端。关于薄膜的固定，首先要将薄膜的边缘缠绕到纵梁上（拱杆两侧的镀锌钢丝上），再使用竹夹夹住即可（图6-21），也可使用塑膜扎丝穿透薄膜，直接捆扎到两侧的纵梁上；安装薄膜时必须将薄膜拉展；然后使用压膜线（绳）将薄膜压紧到拱杆上，通常将一根压膜线的一端固定到横梁上，再按照顺序Z形缠绕到拱杆和两侧纵梁的交界处（图6-22）；最后固定到拱杆的一端或横梁上。

图6-21 使用竹夹固定棚膜　　　　图6-22 压膜线的安装

（3）葡萄避雨栽培应注意的几个技术要点

1）覆膜与揭膜。覆膜和揭膜时间应根据各地降水情况来定。春雨较多的地区，葡萄开始萌动时即可覆膜；黄河流域则在葡萄开花前覆膜。一般在果实采收后揭膜；霜霉病重的地区，采果后可以继续覆膜一段时间，直到天气转凉。

2）覆盖地膜。覆盖地膜既可以阻止土壤水分蒸发，又可以避免雨水淋至畦面，被土壤吸收，从而使土壤含水量相对稳定，降低田间湿度，减轻病害发生。

3）防止棚膜积水焦叶。避雨栽培棚膜离葡萄较近，晴天时阳光通过棚面积水的凹面形成聚焦，温度升高，会导致积水下面的叶片焦枯，因此要及时排除棚膜积水。

4）及时做好抹芽、定梢、摘心、整穗、疏粒等夏季管理工作，改善架面通风透光，控制负载，提高果实质量。

5）避雨栽培最好和滴灌、果实套袋结合使用。

6）施肥、修剪等其他管理基本同露地栽培。

▶▶▶ 二、栽培方式及密度 ◀◀◀

1. 大棚

单栋塑料大棚，建议采用南北向的篱架或双"十"字形架。如果棚宽小于 8 米，可设置三行葡萄行（图 6-23）；如果棚宽大于 8 米，可以根据需要设置多行葡萄行，葡萄行的所有立柱都要直达棚顶，与棚顶拱杆上设置的纵梁连成一体（图 6-24），这样既可以增加大棚的牢固性，又可以避免浪费；树形可以选择单干水平树形。也可以采用图 2-92 所示的水平式棚架，树形可以选择一字树形或 H 形树形。栽培密度参见表 6-1。

图 6-23　棚宽小于 8 米的单栋大棚　　　图 6-24　葡萄立柱与棚顶纵梁
　　　　　　　　　　　　　　　　　　　　　直接连接固定的大棚

表 6-1　常见的架式、树形和栽植密度

设施类型	架　式	树　形	株行距/（米×米）	定植株数/亩
	倾斜式棚架	独龙干树形	（1~2）×（3~4）	83~222
日光温室	单壁篱架	单干单双臂树形	（1~2）×2	167~333
	双"十"字形架	单干单双臂树形	（1~2）×（2.3~2.5）	133~290
	屋脊式棚架	独龙干树形	（1~2）×（4.5~6）	56~148
塑料大棚	单壁篱架	单干单双臂树形	（1~2）×2	167~333
	双"十"字形架	单干单双臂树形	（1~2）×（2.3~2.5）	133~290

对于联栋大棚，建议采用图 6-25 所示的利用搭建大棚的立柱设置水平式棚架，树形采用一字形树形（单干水平树形在棚架上的应用）或 H 形树形。

2. 温室

温室栽培一般选择东西向的倾斜式棚架（图 6-26 和图 6-27），树形采用独龙干树形，或者单干双臂树形（图 6-26）与田间略有不同，1 个直立生长主干的顶部生长 2 个结果臂，1 个结果臂向前长，1 个结果臂向后长（图 6-27）。有时为了提高温室的空间利用，在温室的前部采用单行东西向倾斜式棚架，在温室的后部采用单行的东西向篱架或双"十"字形架，前部棚架采用独龙干树形，后部篱架采用单干水平树形（图 6-28）。栽培密度参见表 6-1。

图 6-25　联栋大棚内利用现有大棚
支柱设置的水平式棚架

图 6-26　采用倾斜式棚架，中间
设置葡萄行

图 6-27　采用倾斜式棚架，后部
设置葡萄行的温室

图 6-28　采用前棚后篱架式的温室

　　另外，温室也可以采用单壁篱架或"十"字形架，树形采用单干水平树形。

3. 简易避雨棚

　　简易避雨棚多采用"十"字形架或改良的 Y 形架，树形多为单干水平树形。栽培密度参见表 6-1。

▶▶▶ 三、扣膜时间的确定 ◀◀◀

　　各地扣膜时间应根据所选品种的生理休眠期、当地气候条件和设施的保温效果而定。如果在当地最冷的时期，夜间设施内的最低温度依然可以保持在3℃以上，设施扣膜的时间则根据生产目的和栽培品种的成花特性而定。

　　通常河南省在1月上旬可以解除休眠；辽宁熊岳地区在12月下旬至第二年1月上旬可以解除休眠。利用日光温室或加温温室进行栽培，在葡萄生理休眠解除即可扣膜升温。如果在生理休眠期内进行扣膜升温，则要使用破眠剂，常用的有单氰胺，具体使用方法参照购买药剂的说明书。华北地区一般在1月中下旬进行扣膜升温。利用塑料大棚进行栽培时，由于其保温条件较差，易受外界降温的影响，一般是在当地露地萌芽前50天左右进行扣膜升温，一般是在2月下旬开始扣膜，但近年来，人们通过在棚内增加拱杆，或利用棚内现有的支柱牵引钢丝，再设置一层棚膜，实行双层膜栽培（图6-29），可以将大棚和温室的扣膜时间提前。每天早上棚内温度上升后，将双层膜的内膜收卷到大棚两侧，傍晚外界气温开始下降，则将其打开。内膜选用厚度为0.02~0.03毫米的普通塑料薄膜即可。

图6-29　采用双层膜覆盖栽培的联栋大棚

四、大棚和温室的土、肥、水、光、温、湿管理

1. 土壤管理

　　为了降低设施内的湿度，应实行全地面覆膜，并和膜下滴灌系统相结合。具体操作为，在葡萄芽眼萌动后，滴灌管布置于葡萄行上，滴头向内，然后再覆盖宽80~100厘米的白色加厚地膜，膜两边用土压实（图6-30）。

图6-30 采用膜下滴灌的葡萄园

2. 肥水管理

（1）施底肥和灌水 每年秋季葡萄根系第二次生长高峰前施用底肥，肥料的种类、用量和方法参照前面土肥水管理的内容，施肥后应及时灌水。

（2）追肥和灌排水 采用覆膜滴灌的设施，按照单样肥料 0.1% ~ 0.3%，总剂量不超过 1% 的标准，通过滴灌施肥。

设施扣膜后，涂抹破眠剂，然后立即灌透水，增加设施内湿度，防止破眠剂烧芽。

当葡萄伤流结束后灌萌芽水，可以追施少量冲施肥，此后直到开花前 7 天，只要不干旱就不进行灌水。开花前 7 天第一次正式追肥，每亩地施硝酸钾 10 ~ 15 千克或以硝酸钾为主要成分的水溶肥，叶面喷施硼肥和锌肥，或以这 2 种元素为主的叶面肥。生理落果后果实膨大前，每亩施尿素 10 千克，磷酸二氢钾 10 千克。果实停长后着色前，每亩施磷酸二铵 5 千克、硫酸钾 10 千克，或尿素 5 千克、磷酸二氢钾 10 千克。果实采收后，每亩地施磷酸二铵 5 千克、硫酸钾 5 千克。以上的肥水管理是按照亩产量 1500 千克的标准进行操作管理的，种植者可以参照该方法进行灵活管理。

3. 温度管理

温度管理是设施促成栽培的关键，所以必须注意以下几点：

（1）升温速度 设施开始升温到萌芽这段时间，温度宜缓慢上升，每10 天一个台阶，以免造成根系活动不足，输导养分能力低，地上部枝条芽萌出后又萎缩枯死现象。

（2）极限温度 葡萄萌芽后应严格控制，各生理期的极限温度，从萌芽到开花前白天温度应控制在 28℃ 以下，晚上温度控制在 5 ~ 10℃，如果晚上温度过高，新梢容易徒长，导致花序退化（图4-2）。开花—幼果膨大期的白天温度控制在25℃左右，晚上温度控制在10℃以上，以后白天温度控制在30℃以下，晚上温度控制在5℃以上即可。温度过高或过低时，应及时进行温度调控。

（3）升温保温　加盖保温被（图6-31）、棚内增加1～2层薄膜，生锅炉、挂红灯等都是设施栽培常用的升温措施。尤其当有大型寒流来临前，应及时对设施内外的保温措施提前进行测试，保证寒流来临时能正常使用。只要保证设施内的最低温度不低于3℃，一般不会产生危害。

图6-31　加盖保温被后的温室

（4）降温　降温首先要通过设施提前设置的通风口进行通风降温，如果温度还高，可以将设施顶部2块棚膜叠压处扒开（通常设施的顶部由2～3块薄膜叠压覆盖而成）。为了增强降温效果，还可以如图6-32和图6-33所示将设施棚膜的底部打开。

图6-32　将温室棚膜的底部向上卷起，增强通风效果

图 6-33 卷起下部棚膜的塑料大棚

4. 湿度管理

湿度是引发葡萄病害的重要因素。在葡萄萌芽前需要高湿，防止破眠剂烧芽；萌芽后湿度管理的原则是湿度越低越好。

5. 光照管理

设施内调节光照强度的措施主要有：在大棚和温室的地面、温室的北墙铺设反光膜；选择透光性好的覆盖材料；经常清扫棚膜，避免尘土或杂物覆盖等。

第七章

葡萄病虫害防治

第一节 葡萄非侵染性病害和药害

➤➤ 一、葡萄裂果病 ◀◀

果实生理裂果多发生在果实生长后期，在贮藏过程中如果湿度过大，某些品种也会产生裂果。裂果发生后，既会降低果实的商品价值，又会很快感染病害而霉烂（图7-1），造成丰产不丰收。

[危害症状]　裂果表现的症状和葡萄品种有一定的关系，不同的品种，其裂果的部位和形状也不相同，详见表7-1和图7-1、图7-2。

表7-1　裂果部位与品种的关系

果穗特点	裂果部位	品　种
果粒紧密型	果粒接触部位	红地球、京优
	果蒂附近	夏黑
果穗松散型	果顶附近	巨峰系品种
	果蒂附近	早熟红无核
果穗中等紧密型	果实中部	90-1、红宝石无核

[发病原因]

（1）品种特性　不同的葡萄品种，裂果的程度存在显著差异，常见裂果严重的品种有绯红、郑州早玉、维多利亚等。

（2）水分因素　水分是葡萄裂果的主要外在因素，裂果的发生与土壤的水分绝对含量没有关系，而与水分的协调供应有直接关系。裂果的发生往往与果实膨大期土壤含水量低、果实转色后土壤含水量急剧增加有关，前后变化越是剧烈，裂果发生的程度越严重。同时，果实吸水也是造成裂果的主要原因。

图 7-1 葡萄裂果引发的霉病　　　图 7-2 绯红葡萄的裂果症状

（3）**病害**　导致葡萄发生裂果的病害主要有葡萄根癌病、葡萄白腐病和葡萄白粉病。葡萄根癌病和葡萄白腐病不会直接造成裂果，主要是通过影响葡萄水分的运输和供应，加重葡萄裂果的程度。葡萄白粉病则会直接引起葡萄裂果，并且病害越重，裂果越严重。

［防治方法］

（1）**品种选择**　种植葡萄时不选择具有裂果性状的品种。

（2）**合理控水**　建议采用滴灌管理。

（3）**避雨加覆膜**　采用避雨栽培，全园覆盖地膜，再结合膜下滴灌和果实套袋，可以减轻果实裂果。

（4）**注意疏花疏果，保持果穗松散。**

（5）**防治病害**　首先当裂果发生后，应及时将发病果粒剔除，然后喷布 37％的苯醚甲环唑 3000 倍液，防止病害发生。

▶▶ 二、葡萄转色病 ◀◀

葡萄转色病又名水罐病或水红粒，我国各葡萄产区均有发生，鲜食葡萄品种中的玫瑰香、巨玫瑰、无核白、红地球和美人指易发生该病害。

［危害症状］　葡萄转色病的初期症状是在果柄、穗轴和穗柄处出现深色坏死斑，这个坏死斑会逐渐扩大，严重时会造成某个部位的环状坏死，坏死斑的颜色因品种和多酚含量不同而不同。由于这些部位发生病变，影

响了光合产物、水分和矿物质的输导，使得果实在成熟时因营养不良而表现出果粒松软、果皮与果粒极易分离、似含水很多、果粒变小等症状。受害严重时会使果实脱水干缩，从果穗上脱落或以完全干缩的状态保留在果穗上（图7-3）。转色病会阻碍有色品种的着色，在果实成熟时表现红褐色，所以我国东北地区称之为"水红粒"。该病害的症状与白腐病症状、日灼病的症状极为相似，应加以区别。

图7-3　葡萄转色病症状

[发病原因]　该病害主要发生在负载量过大的葡萄园。负载量越大，发病越重，发病时间越早。另外，夏季修剪过重、留叶量偏少的葡萄园也会发生该病害。

[防治方法]　该病害的防治主要从降低植株负载量，增施有机肥，加大留叶量等方面入手，生产上常用的杀菌剂对该病害没有治疗效果。

》》 三、葡萄日灼病和气灼病 《《

葡萄日灼病和气灼病，近年来在套袋栽培的红地球、美人指等葡萄品种上发生日益严重，已成为葡萄套袋栽培上一个重要的生理性病害。

[危害症状]　葡萄日灼病和气灼病，从葡萄幼果期到果实转色期均可发生，果粒受害后，首先表现为失水、凹陷，有浅褐色的小斑点，以后斑块渐次扩展并微微向下凹陷，呈黑褐色（图7-4）。病害严重时，果粒的一部分或整个果粒呈黄褐色干枯（图7-5）。穗轴和果梗也会呈红褐色干枯，导致其上的果粒失水萎缩（图7-6）。

图7-4　呈黑褐色的葡萄日灼病　　　图7-5　呈黄褐色的葡萄日灼病
　　　　或气灼病果粒　　　　　　　　　　　　和气灼病果粒

图7-6　葡萄穗轴或果梗发病
造成果粒失水萎缩

[发病原因]　通常在5月下旬~6月下旬或果实套袋后，遇到光照强烈，气温超过30℃的天气，该病害就会发生。尤其在套袋栽培的葡萄园，果袋内温度比外界更高，少数没有遮阴的果袋袋内温度甚至高达50℃以

上，因此该病害在套袋栽培的葡萄园发生尤重。另外，树势衰弱、叶幕层发育不良、植株负载过量、土壤干旱，单壁篱架栽培，都会加重日灼病的发生。

[防治方法]

（1）选用适宜的架式 架式对葡萄园的光、热与湿度等生态环境有重要的影响。单壁篱架由于果穗着生部位与叶幕层的特殊性，在夏季高温干燥和强光照射下，日灼病发生频繁且严重。因此在日灼病多发的葡萄园，建议使用双"十"字形架和小棚架。

（2）合理负载 葡萄果穗对不良生态环境的抵御能力，在很大程度上取决于树体营养状况。负载过量，树体营养亏缺，影响着果皮角质层与表皮细胞中胶层的发育，从而降低果肉细胞持水力，引发日灼病。因此，在肥水管理中等水平的园地，每亩产量应控制在 1500 千克以下，以壮树、优质、高价获取良好的市场效益。

（3）合理施肥、灌水 增加土壤有机质，不断提高土壤肥力，使葡萄根系分布层的土壤有机质含量达到 3% 以上；在施肥过程中，氮肥不能过量，谨防枝蔓徒长，要特别注意钾肥、磷肥与钙肥的施用。同时要根据园地土壤墒情与天气状况，在日灼病发生敏感期及时浇水，使土壤保持湿润。

（4）采取保护性措施 对于栽培抗病品种的葡萄园或采用避雨栽培的葡萄园，可以选用透气的无纺布果袋进行套袋栽培，以有效减轻日灼病的发生程度。

四、叶片黄化焦枯病

引起葡萄叶片黄化焦枯的原因有很多，不能简单地归结为一种原因，往往是多种因素造成的，需要综合防治。

[发病原因及危害症状]

（1）旱害 干旱引起的叶片黄化干枯主要发生在严重缺水的葡萄园（图 7-7），或当年新栽葡萄苗和根系严重上浮的葡萄园。根系上浮或新栽葡萄苗的葡萄园，由于葡萄根系发育不良，一旦遇到 5—6 月的高温干旱天气，根系活动受到严重抑制，造成养分、水分吸收困难，最初叶片边缘变黄干枯，以后逐渐扩大，严重时造成全叶干枯脱落。如果遇到暴雨骤晴天气，靠近地面部分的叶片则会迅速干枯（图 7-8）。

图7-7　高温干旱导致的叶片黄化　　　　图7-8　长期干旱突遇暴雨骤

晴天气导致的叶片焦枯

（2）**盐害**　在盐碱地上种植葡萄，或用含盐量较高的水灌溉，也会导致葡萄叶片黄化，严重时可致叶片焦枯死亡（图7-9）。

（3）**肥害**　施肥过多或施肥不当，也会使叶片发黄枯焦。沼气液作为一种优质肥料，被广泛使用，但部分果农采用表施不覆土的办法，致使沼气液中的有害气体对葡萄叶片产生伤害。另外，大量使用未腐熟的鸡粪或猪粪，也会造成叶片黄化（图7-10）。

图7-9　盐碱地上再使用盐碱水灌　　　　图7-10　施用大量未腐熟的有机肥

溉导致栽培的葡萄苗干枯死亡　　　　　　造成的叶片边缘黄化

（4）**药害**　喷药浓度过高或喷药方法不当（主要是在中午高温时喷药），也会造成叶片黄化和焦枯（图7-11）。葡萄生产上广泛使用乙烯利促进葡萄果实着色和成熟，但部分果农并不采用果实浸蘸的办法，而是使用喷雾器喷洒，形成药害（图7-12）。

图7-11　高温时喷洒菊酯类农药　　图7-12　乙烯利造成的叶片黄化焦枯
　　　　　产生的药害症状

（5）缺素症　葡萄缺氮时叶片会失绿黄化，叶小而薄，新梢生长缓慢，枝蔓细弱，节间变短，果穗松散，成熟不齐，产量降低（图7-13）。产量严重超载的红地球葡萄园，氮元素的缺乏是造成大面积葡萄叶片黄化的主要原因（图7-14）。笔者在研究中发现，以前以为缺铁黄化的葡萄园，通过大量施用速效氮肥，可以使叶片恢复正常。

图7-13　缺氮造成的新梢黄化　　图7-14　氮元素缺乏造成的大面积黄化

1）缺磷症。葡萄缺磷时叶片向上卷曲，出现红紫斑（图7-15），副梢生长衰弱，叶片早期脱落，花序柔嫩，花梗细长，落花落果严重。

2）缺钾症。葡萄缺钾时叶片沿叶脉失绿黄化，后成黄褐色斑块，严重时叶缘呈烧焦状（图7-16）；枝蔓木质部不发达，脆而易断；果实着色浅，成熟不整齐，粒小而少，酸度增加。

3）缺钙症。葡萄缺钙时幼叶脉间及叶缘褪绿，随后在近叶缘处出现针头大小的斑点，茎蔓先端顶枯；新根短粗而弯曲，尖端容易变褐枯死（图7-17）。

图7-15　葡萄缺磷的叶片症状　　　　图7-16　葡萄缺钾的叶片症状

4）缺镁症。葡萄缺镁时老叶脉间缺绿，以后发展成为棕色枯斑，易早落；基部叶片的叶脉发紫，脉间呈黄白色，部分灰白色；中部叶脉绿色，脉间黄绿色；枝条上部叶片呈水渍状，后形成较大的坏死斑块，叶皱缩；枝条中部叶片脱落，枝条呈光秃状。

5）缺铁症。葡萄缺铁时枝梢叶片黄白，叶脉残留绿色（图7-18），新叶生长缓慢，老叶仍保持绿色；严重缺铁时，叶片由上而下逐渐干枯脱落；果实色浅粒小，基部果实发育不良。

图7-17　葡萄缺钙的叶片症状　　　　图7-18　葡萄缺铁的叶片症状

6）缺硼症。葡萄缺硼时新梢生长细瘦，节间变短，顶端易枯死（图7-19）；花序附近的叶片出现不规则浅黄色斑点，并逐渐扩展，严重者脱落；幼龄叶片小，畸形，向下弯曲；开花后呈红褐色的花冠常不脱落、不坐果或坐果少，果穗中无籽小果增多（图7-20）。

7）缺锰症。葡萄缺锰时最初在主脉和侧脉间出现浅绿色至黄色斑点（图7-21），黄化面积扩大时大部分叶片在主脉之间失绿，而侧脉之间仍保持绿色。

图7-19 葡萄缺硼的叶片症状

图7-20 葡萄缺硼造成果实大小
粒和叶片的症状

8）缺锌症。葡萄缺锌时新梢节间缩短，叶片变小，叶柄洼变宽，叶片斑状失绿（图7-22）。有的发生果穗稀疏、大小粒不整齐和少籽的现象。

王世平 摄

图7-21 葡萄缺锰的叶片症状

王世平 摄

图7-22 葡萄缺锌的叶片症状

［防治方法］

1）经常保持园地或苗圃地的土壤湿润、疏松，促使新栽苗或插条生根。

2）在盐碱地上种植葡萄，应从建园开始就做好土壤改良工作。盐碱较重的地方，要挖穴换土，穴内多施有机肥，改变小范围内的土壤酸碱度，并使用抗性砧木进行嫁接栽培。

3）为了避免施肥不当，建园时要用腐熟的有机肥，并和土壤拌匀。第一年定植的幼苗，其高度不足60厘米时，不要急于追肥，此时根系还小，吸收能力还很差；当超过60厘米后，应根据树势，少量多次地追施肥料。叶面追肥不要超过0.3%。

4）根据农药的使用说明合理配制农药，不要随便增加浓度。几种农药混合时，应事先咨询或查阅"农药混合使用表"。气温在 30℃ 以上时不要打药，否则易出现药害。

5）对于缺素症的防治，首先是建立在大量施用有机肥和施用 5 次追肥的基础上，其次才是根据症状，补充速效元素进行治疗。

葡萄对氮素需要量很大，因此在有机质含量低于 3% 的葡萄园，当葡萄园亩产量超过 2500 千克后，必须大量施用速效氮肥才能满足葡萄正常生长的需求。补救措施是：如果发现葡萄缺氮，要及时在根部追施适量氮肥，并结合根部施肥用 0.5% 的尿素溶液叶面喷施。如果发现葡萄缺磷，应及时用 2% 的过磷酸钙浸出液或 0.2%～0.3% 的磷酸二氢钾溶液叶面喷洒，间隔 4 天连喷 3 次。如果发现葡萄缺钾，要及时用 0.2%～0.3% 的磷酸二氢钾溶液喷洒，间隔 7 天连喷 3 次。如果发现葡萄缺钙，应及时用 2% 的过磷酸钙浸出液叶面喷洒，间隔 5 天连喷 3 次。如果发现葡萄缺镁，应及时用 0.1% 的硫酸镁溶液叶面喷洒，间隔 5 天连喷 3 次。如果发现葡萄缺铁，要及时用 0.1%～0.2% 的硫酸亚铁溶液加 0.15% 的柠檬酸进行叶面喷洒，间隔 5 天连喷 3 次。如果发现葡萄缺硼，用 0.2% 的硼砂溶液叶面喷洒，间隔 5 天连喷 3 次。如果发现葡萄缺锰，应用 0.1%～0.2% 的硫酸锰溶液叶面喷洒，间隔 5 天连喷 3 次。如果发现缺锌，应用 0.1%～0.2% 的硫酸锌溶液叶面喷洒，间隔 5 天连喷 3 次。

▶▶▶ 五、除草剂引起的葡萄药害 ◀◀◀

近年来除草剂对葡萄的危害日益严重，尤其是北方地区，小麦收获后，同时期大规模地使用玉米田封闭除草剂，对葡萄造成严重危害，轻者新梢幼叶畸形，重者新梢幼叶和生长点枯死。

[危害症状] 葡萄幼叶受害后，叶片皱缩，变小，仅为正常叶片的 1/4～1/2，叶缘裂成丝状，失去裂刻，叶柄凹大开张，叶脉皱缩突出，叶肉失绿，呈扩散斑驳状。根据畸形叶的外形可分为扇形叶（图 7-23）、勺形叶（图 7-24）和不规则叶，严重时新梢生长点和幼叶枯死，部分成龄叶变黄。成龄叶受害后一般仅出现黄化症状。2.4-D 类除草剂引起的叶片畸形与病毒性的扇叶病十分相似。病毒性的扇叶一旦出现症状，虽会因年份不同有程度轻重的不同，但症状一般不会消失，而 2.4-D 类药物引起的叶片畸形，会随时间的推移，新发生的幼叶便不再出现症状。草甘膦飘逸到新梢上，危害较轻时造成幼叶黄化，危害较重时造成幼叶畸形（图 7-25），成龄叶上出现黄红色斑点，果实上出现黑褐色斑块。

图7-23　除草剂造成的扇形叶

图7-24　除草剂造成的勺形叶

图7-25　草甘膦造成的叶片畸形

[防治方法]　葡萄园尽量不要使用或少使用除草剂，使用除草剂时一定要选择无风天，并且要在喷头上使用防风罩，压低到地面上喷雾。喷过除草剂的器械一定要冲洗干净后再使用。对于出现了症状的葡萄园，结合全园灌水追施速效氮肥，危害期间叶面喷施0.5%~1.0%的尿素或0.2%的磷酸二氢钾溶液，促进新梢生长。对已经坏死的叶片或枝条，及早摘除或剪除并带出田外，使新生叶片或枝条及早长出，使植株尽快恢复生长。为了防止除草剂尤其是玉米田封闭除草剂对果实的危害，应在收麦前进行果实套袋，减轻对果实的直接危害。

六、葡萄冻害及防寒措施

[危害症状]　枝蔓轻微受冻后，髓部、木质部、芽眼变褐色，但形成层仍为绿色，第二年萌芽晚，生长势弱。枝蔓严重受冻时，形成层变褐色，芽眼极易脱落，并且枝蔓枯死开裂（图7-26）。如果植株仅根茎部受冻，第二年植株仍可正常萌发，当长到3片左右时，新梢和地上部开始枯死，基部萌发大量萌蘖。另外，芽眼萌发后遇到霜冻，则会造成幼叶变褐焦枯、

生长点死亡等症状（图7-27）。

图7-26　主蔓严重受冻后的枯死开裂　　图7-27　受冻造成的新梢枯死

[发病原因]

（1）对葡萄冬季防寒认识不足　连续多年的暖冬天气，使处于埋土防寒区与非埋土防寒区分界线附近的果农产生麻痹侥幸思想，并且错误地认为，葡萄埋不埋土照样能越冬，一旦遇上大幅度降温（-15℃左右），便出现大面积死枝死树。

（2）管理不善　许多果园为了追求高产，超负荷结果，或者后期病害发生严重，造成枝蔓徒长、贪青，组织不充实，导致枝蔓难以越冬。

[防治方法]

（1）选用抗寒砧木，采用深沟浅埋　对于冬季需要埋土防寒的地区，在购买苗木时尽量选用抗寒性强的砧木为基础的嫁接苗。苗木定植时，采用深沟浅埋（图7-28），即将苗木定植在定植沟的底部，以后根据植株的生长情况逐渐回填，以增大植株地下部的根系量，从而提高植株的抗寒能力。

（2）克服麻痹思想，坚持埋土防寒　处于埋土防寒区边缘的葡萄园必须克服麻痹思想，坚持每年埋土防寒，对非埋土防寒区的葡萄园，如果枝蔓扁圆，髓部过大，枝条成熟度差，也应进行埋土，一是为了防寒，二是为了防抽干。过去主要采用人工埋土的方式（图7-29）进行越冬防寒，近年来推广的机械埋土，可以显著提高工效，一般为人工埋土的4～5倍（图7-30和图7-31）。

图 7-28　采用深沟浅埋的葡萄园

图 7-29　葡萄树人工埋土

图 7-30　使用大型深翻犁
进行葡萄树埋土

图 7-31　40 马力拖拉机驱动
的埋土防寒机

（3）**加强管理，做好病害防治工作**　防治冻害首先要增强树体的抗寒力，所以在容易发生冻害的地区，严格限产，控制氮肥，增施有机肥和磷钾，促进树体老化，增强树体抗寒能力是避免或减轻冻害的有效措施。其次要加强中期褐斑病和后期霜霉病的防治，保护好叶片，生产、积累更多的光合产物，增强树势，提高抗性。

（4）**喷施防冻剂**　芽眼萌动后，如果遇到短时间的低温天气，喷施碧护等药剂可以提高新梢的抗寒能力。

（5）**其他措施**　对于春季经常发生霜冻的地区，可以推迟修剪时期（正常萌芽前 25 天左右修剪葡萄树），当葡萄将萌芽时再进行全园灌溉，降低地温，通过推迟葡萄树萌芽，从而避开霜冻危害。

第二节　葡萄侵染性病害

➤➤ 一、葡萄病毒病 ◀◀

葡萄病毒病的种类很多，迄今发现的葡萄病毒病及类似病害达四十余种，其中发生范围较广，危害程度较重的有扇叶病和卷叶病。

1. 葡萄扇叶病

[危害症状]　葡萄扇叶病主要表现为扇叶（图7-32）、黄化叶（图7-33）及脉带三种症状类型。病株叶片严重扭曲，叶身不对称；叶柄洼大开张，叶脉发育不正常，由叶片基部伸出数条主脉，主脉不明显；叶缘多齿，叶片上常出现多种形状的褪绿斑点，叶片主脉黄化，后扩散成黄绿花斑叶，整个叶片呈扇子状，多出现在夏季初期和中期。除了叶片症状外，病株的枝蔓也常变成畸形，有的新梢节间缩短，叶片簇生；枝条上有时出现对生芽，发育形成双头枝（图7-34）。

图7-32　扇叶症状　　　　　　　图7-33　黄化叶症状

扇叶病的最大危害是严重影响坐果，使果穗松散，果粒大小不齐，成熟期不一致，在巨峰葡萄上有时出现潜隐性病斑果（图7-35）。病树易落花，形成无核果。植株感染此病后，生命力逐渐衰退，产量、品质降低，严重时甚至整株枯死。扇叶病毒除嫁接传染外，还可由土壤线虫传播。

2. 葡萄卷叶病

[危害症状]　葡萄卷叶病是世界上分布最广泛的葡萄病毒病，凡是栽培葡萄的地方就有卷叶病存在。卷叶病具有半潜隐性，在当年生长季前期不表现症状，到生长中后期才表现症状，从基部叶片开始出现叶缘向下反卷，叶面凸凹不平，部分红色品种叶片红化等症状（图7-36和图7-37），而部分黄色品种的叶片则出现黄化症状（图7-38）。有的品种叶片则逐渐

干枯变褐，病害严重的植株叶片呈四角形，稍变硬，甚至逐渐枯死。

图 7-34　双头枝症状

图 7-35　潜隐性病斑果

图 7-36　葡萄卷叶病在红色葡萄
品种上危害后期造成的症状

图 7-37　葡萄卷叶病在红色葡萄品种上
危害初期造成下部叶片部分变红和翻卷

图 7-38　葡萄卷叶病在黄色葡萄品种上的症状

病树果穗数量减少，小型化；果实着色不良（图7-39），成熟期推迟，含糖量大幅度降低，风味变淡，并降低植株的抗逆能力。使用带病毒的接穗或砧木进行嫁接时，有时会表现出强烈的发病症状，植株严重矮化，节间变短，叶片严重翻卷，失去栽培价值（图7-40）。

图7-39 葡萄卷叶病对红地球
果实着色的影响

图7-40 葡萄卷叶病在3年
生嫁接苗上的症状

［传播途径］ 葡萄卷叶病毒主要通过人为的栽培活动来传播，其传播方式主要是利用病株的枝芽作为无性繁殖材料，通过苗木远距离扩散，这在我国尤其突出。

［防治方法］ 生产上主要采用脱毒苗木加以克服。对于发生病毒病的葡萄园，除了将发病植株刨除外，目前尚无好的治疗方法。

➤➤ 二、葡萄黑痘病 ◄◄

［危害症状］ 该病害对葡萄的叶片、果实、新梢、叶柄、果梗、穗轴、卷须、花序均能造成危害，尤其嫩叶、新梢和幼果受害最严重。

叶片受害初期出现针眼大小的红褐色至黑色斑点，周围有浅黄色晕圈，逐渐扩大，形成直径1～4毫米的近圆形不规则病斑，中央灰白色，稍凹陷，边缘暗褐或紫褐色，后期病斑中央叶肉枯干破裂，出现穿孔。叶脉受害呈多角形病斑，造成叶片皱缩畸形。新梢、卷须发病时出现长条形、椭圆形、圆形病斑，边缘黑色或紫红色，中央浅褐色、褐色或灰白色，凹陷，开裂或不开裂（图7-41）。如果治疗不及时，顶部嫩叶和生长点变褐干枯，新梢生长缓慢或停止，严重影响植株生长。该病害的症状与绿盲蝽的危害症状极容易混淆，但绿盲蝽危害的幼叶极易发生穿孔，后期叶片严重畸形，在具体防治时应加以区别。

　　幼果受害出现近圆形浅褐色斑点，病斑周围紫褐色，中心灰白色，有时中央为红色，稍凹陷，像鸟眼，俗称"鸟眼病"（图7-42）。病斑上有微细的小黑点，即为分生孢子盘。病果生长缓慢，绿色，质硬味酸，有时龟裂。受害迟的果粒仍能长大，病斑凹陷不明显，但味较酸，病斑面只限于果皮，不深入果肉，空气潮湿时，病斑上可出现乳白色黏状物。

图7-41　葡萄黑痘病对幼茎和　　　图7-42　葡萄黑痘病对果粒的危害症状
　　　　　叶片的危害症状

　　[防治方法]　随着避雨栽培的大面积推广和药剂的升级，该病害已由过去的主要病害下降为次要病害，甚至在很多地区已多年未见其危害症状。如果发生该病害，可以使用40%的氟硅唑乳油7000～8000倍液，或10.0%的苯醚甲环唑水分散粒剂1500倍液喷雾防治。

》》》 三、葡萄炭疽病 《《《

　　葡萄炭疽病是我国当前葡萄产业上的主要病害之一，尤其在酿酒葡萄上的危害呈逐年加重的趋势。

　　[危害症状]　该病害主要侵染果实，也能危害穗轴、叶片、卷须和枝蔓等。果实被害初期，果面出现针头大小的水浸状浅褐色斑点，后发展成不规则的黑褐色病斑（图7-43），扩大后逐渐呈圆形深褐色稍凹陷病斑，上面密生轮纹状排列凸起的黑色小点，即病菌的分生孢子盘，在潮湿条件下其上涌出大量橘红色的分生孢子团（图7-44和图7-45），后期发病果粒干缩到果穗上（图7-46）；果枝、穗轴、叶柄和卷须发病呈长梭形褐色凹陷病斑；而在新梢和结果母枝上只有病菌潜伏，无明显症状产生。

图7-43　葡萄炭疽病早期危害症状

图7-44　葡萄炭疽在阳光玫瑰果穗上的危害症状

图7-45　葡萄炭疽病在红地球果粒上的危害症状

图7-46　葡萄炭疽病在赤霞珠果穗上危害后期的症状

　　[防治方法]　结合冬剪，彻底清园，将剪下的枝蔓、穗柄、卷须及落叶、铁丝上的捆绑物等全部清除出园，集中焚烧或深埋，并在芽眼萌动时细致喷洒3～5波美度的石硫合剂，降低菌源基数。该病害表现为前期侵染后期发病的特征，所以该病害的防治要及早动手，分别在花前和幼果膨大期各喷药1次。生产上的常用药剂有：450克/升的咪鲜胺水乳剂1000～1500倍液、37%的苯醚甲环唑水分散粒剂3000倍液、80%的戊唑醇水分散粒剂3000倍液。当病害发生后，先用药控制住病情，然后疏除病果，再用药保护。

四、葡萄白腐病

葡萄白腐病是葡萄生产上最为重要的一种病害，它在危害葡萄果实的同时，也危害新梢和叶片，是造成葡萄丰产不丰收的主要病害。

[危害症状]　白腐病主要危害果穗，此外也能危害新梢和叶片。一般靠近地面的穗轴、小果梗最先发病，受害初期呈浅褐色边缘不规则的水渍状病斑，并逐渐向上、向下或果粒蔓延，使整个果粒变浅黄褐色，软腐（图 7-47），果皮破裂时溢出浅黄色黏液（图 7-48），最后果梗呈缢缩干枯状，并长出灰白色小粒点，即病菌的分生孢子器（图 7-49）。被害果粒和穗轴梗若遇风雨冲击或田间作业触动，容易脱落，严重时地面撒落一层，这是白腐病发生的最大特点。

图 7-47　葡萄白腐病对穗轴和
果梗的危害症状

图 7-48　葡萄白腐病对果穗的
危害症状

图 7-49　葡萄白腐病在果粒上产生
分生孢子器后的症状

新梢发病多在伤口部位，比如新梢与铁丝摩擦处、摘心的断伤部位等。

发病初期呈水渍状浅红褐色病斑，逐渐沿枝蔓向外发展，后由褐色变暗褐色，形成条状病斑。病斑表面密生深褐色小点粒，即病菌分生孢子器（图7-50），后期病部表皮纵裂或与木质部分离，严重时呈乱麻状（图7-51），感病枝蔓上端生长衰弱，严重时枯干死亡。病害在叶上多发生在叶缘或有伤口的部位，形成 V 形或较圆形的浅褐色病斑，有轮纹，后期病组织破裂。定植的 1 年生苗基部也容易发生该病害，常造成植株死亡。

图 7-50 葡萄白腐病对新梢的危害症状　　图 7-51 葡萄白腐病对枝条的危害症状

[防治方法]

（1）升高结果部位　因地制宜采用棚架或双"十"字形架种植，结合绑蔓和疏花疏果，使结果部位尽量提高到 80 厘米以上，减少果穗与地面病源菌接触的机会。

（2）搞好田间清洁卫生　秋冬季节结合修剪，彻底清除病果穗和病残枝，刮除可能带病菌的老树皮，彻底清除果园中的枯枝落叶、病果穗等。生长季节搞好田间卫生，清除田间病源污染物和侵染物，结合管理勤加检查，及时剪除早期发现的病果穗、病枝体，收拾干净落地的病粒，并带出园外集中处理，可减少当年再侵染的菌源，减轻或减缓病害的发展速度。另外采用黑色地膜覆盖，也可以减轻病害的发生程度。

（3）药剂防治　当病害发生后，可以使用 10% 的苯醚甲环唑水分散粒剂 1500 倍液、40% 的氟硅唑乳油 8000 倍液，25% 的戴唑霉 1500 倍液、12.5% 的烯唑醇 3500～4000 倍等药剂进行治疗，所有药剂都要与 68.7% 的噁唑菌酮水分散粒剂 1000 倍液或 25% 的嘧菌酯悬浮剂 2000 倍液混用，药效明显增强。当病害控制住以后，应赶紧疏掉发病的果穗和果粒，然后再喷一次药进行保护。对于白腐病发生严重的葡萄园，可在病害始发前，地面撒药灭菌，常用药剂福美双、硫黄粉、碳酸钙用量比为 1∶1∶2，三者混合均匀后，撒施在葡萄园地面，每公顷撒 15～30 千克。

五、葡萄霜霉病

葡萄霜霉病是葡萄生长过程中极易出现的一种严重的真菌性病害。该病害发生后极易导致葡萄早期落叶，新梢生长停滞，枝条不能成熟老化，不仅影响第一年葡萄的产量和品质，而且严重影响葡萄树的越冬，甚至影响第二年的萌芽、树势和产量。过去该病害主要在秋季发生，危害叶片、新梢，现在春季也会发生，危害叶片、花序和幼果。

[危害症状] 葡萄霜霉病主要危害叶片，也能危害新梢、卷须、叶柄、花序、果柄和幼果。叶片受害后，先在叶面产生边缘不清晰的水浸状浅黄色小斑（图7-52），随后渐变成黄褐色多角形病斑，病斑常互相连合成不规则大病斑，并在叶片背面产生白色霉状物（图7-53）。发病严重时，整个叶片变黄反卷（图7-54），甚至焦枯脱落。葡萄叶片上凡是霜霉病产生病斑的位置，即使使用药剂防治住，以后也会呈焦枯状（图7-55）。如果叶片被危害的面积超过1/3，该叶片极易从与叶柄的交接处脱落。

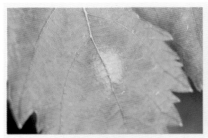

图7-52 葡萄霜霉病在葡萄叶片
上的早期危害症状

图7-53 葡萄霜霉病严重危害后
在叶片背面产生的白色霉状物

图7-54 葡萄霜霉病对葡萄新梢和
叶片的严重危害症状

图7-55 霜霉病防治后
叶片病斑部位焦枯

春季遇到低温阴雨天气，葡萄霜霉病会危害果穗和幼果，幼果受害，病部褐色，变硬下陷，上生白色霜状霉层，易脱落（图7-56）。大果粒受害，病部褐色至暗褐色，软腐，但很少产生霜霉，萎蔫后脱落（图7-57）。果实着色后很少受到侵染。

图 7-56　葡萄霜霉病对果穗 　　　　图 7-57　葡萄霜霉病在葡萄
　　　　的危害症状　　　　　　　　　　　　果实上的潜伏症状

嫩梢受害，初生水浸状、略凹陷的褐色病斑，天气潮湿，病斑上产生稀疏的霜霉状物，后期病组织干缩，新梢停止生长，扭曲枯死。卷须、叶柄和花序的受害症状与嫩梢相似。

[防治方法]

（1）加强栽培管理，降低发病条件　及时中耕锄草，排出果园积水，降低地表湿度；合理修剪，及时整枝，尽量去掉近地面不必要的枝叶，使葡萄植株通风透光，创造不利于病菌侵染的环境条件；增施磷、钙肥及有机肥，酸性土壤多施石灰，提高植株抗病能力。进入秋季后，应避免新梢徒长。

（2）药剂防治　萌芽前全园喷布3～5波美度的石硫合剂进行病菌铲除，进入秋季后交替使用石灰、硫酸铜、水之比为1:0.7:200的波尔多液、35%的碱式硫酸铜悬浮剂（必备）400倍液，每隔10天喷布1次，进行叶面保护，预防病害发生。发病初期，应喷布具有内吸治疗作用的杀菌剂，药剂可选用80%的烯酰吗啉水分散粒剂4000～6000倍液、250克/升的吡唑醚菌酯乳油1000～2000倍液、66.8%的霉多克可湿性粉剂600倍液。喷药1天后发现叶片背面的白色霉层变褐消失（图7-58），表明产生了药效，如果白色霉层没有变褐消失，则应再次喷药防治。该病害极易产生抗药性，应注意不同药剂的交替使用。另外需要说明的是，防治霜霉病，药液必须喷雾均匀，所有部位都要喷到。

图说葡萄高效栽培

药液没有喷施到病斑部位，白色霉层依然存在

药液喷施到病斑部位，产生药效后白色霉层消失

图 7-58　喷药防治后的霜霉病症状

>>> 六、葡萄灰霉病 <<<

　　灰霉病在我国南方和华中地区较为多见，近年来北方葡萄产区灰霉病有逐年加重的趋势，灰霉病造成的花序、果穗腐烂已成为当前的主要问题之一。

　　[危害症状]　灰霉病主要危害花序、幼果和已成熟的果实，有时也危害新梢、叶片和果梗。花序或幼果发病初期被害部呈浅褐色水渍状病斑，很快病斑变暗褐色，整个花序软腐，潮湿时病穗上长出一层鼠灰色霉层，即病菌分生孢子梗和分生孢子（图 7-59）。天气干燥时，会有部分花蕾或果粒受到危害，产生灰色霉层（图 7-60）。叶片、新梢发病产生浅褐色不规则病斑。果实感病后出现褐色凹陷病斑，很快使整个果穗软腐并长出灰色霉层，有时可长出黑色菌核（图 7-61）。

图 7-59　葡萄灰霉病对幼果及其果穗的危害症状

图 7-60　葡萄灰霉病对花蕾的危害症状

图 7-61 葡萄灰霉病对红地球果穗的危害症状

［防治方法］

（1）加强田间管理，降低病菌基数 冬季细致修剪，剪净病枝蔓、病果穗及病卷须，彻底清除园内的枯枝落叶，集中烧毁或深埋，降低病菌基数。对于果穗紧凑的葡萄品种，一定要加强花序和果穗的修整工作，使整个果穗保持松散状态。

（2）药剂防治与果实套袋相结合 对于灰霉病发生严重的葡萄园，在开花前、谢花后和幼果期各喷一次化学药剂。药剂种类有50%的异菌脲可湿性粉剂1500倍液、10%的嘧菌环胺水分散粒剂1500倍液、50%的腐霉利可湿性粉剂2000倍液、80%的嘧霉胺水分散粒剂1500～2000倍液。

▶▶▶ 七、葡萄白粉病 ◀◀◀

葡萄白粉病以前只在西北及华北地区危害较重，近年来随着避雨设施栽培范围的扩大，该病害发生的范围和程度也逐年加重。

［危害症状］ 该病可侵染葡萄所有的绿色组织，嫩叶、幼果、新梢、穗轴等部位均可发病。叶片被害时，正面呈现褪绿斑，上覆一层白粉（图7-62），严重时叶片焦枯脱落。幼果染病时，先在果面上出现褪绿斑块，接着在褪绿斑上出现黑褐色网状花纹，上覆大量白粉（图7-63），病果很难增大，果肉变硬，味变酸；果穗染病易枯萎脱落；大果染病，果面出现网纹状线纹，病果受害部位易开裂，形成大量裂果。新梢、果梗及果穗发病时，在发病部位出现黑褐色网状线纹，上面也覆盖有白色粉状物（图7-64和图7-65）。近年来在西北地区出现了霜霉病和白粉病混合发生的情况，叶片正面是白粉病，叶片背面是霜霉病。

图 7-62　葡萄白粉病对叶片
的危害症状

图 7-63　葡萄白粉病对幼果
的危害症状

图 7-64　葡萄白粉病对枝条
的危害症状

图 7-65　葡萄白粉对果穗
的危害症状

[防治方法]　彻底清除冬季修剪时剪下的病枝、残叶；发芽前用 3~5 波美度的石硫合剂进行消毒；及时清除中心病梢、病穗；幼果期及时套袋。发病初期可以使用 60% 的戊唑·多菌灵水分散粒剂 2000~3000 倍液、30% 的己唑醇悬浮剂 3000 倍液、50% 的嘧菌酯水分散粒剂 2500 倍液进行防治。

▶▶▶ 八、葡萄褐斑病 ◀◀◀

葡萄褐斑病分布于我国各葡萄产区，在多雨年份和管理粗放的果园，特别是葡萄果实采收后即被忽视的果园易发生该病害。

[危害症状]　葡萄褐斑病只危害叶片。病斑直径 2~10 毫米，病斑中央黑褐色，边缘褐色，病健交接处明显（图 7-66~图 7-68）。发病严重时，叶片上病斑密布，并融合成不规则的大病斑（图 7-69）。后期病斑背面产生深褐色霉状物，病叶往往干枯、破裂，提早脱落（图 7-70）。

图 7-66　葡萄褐斑病叶片正面的
危害症状

图 7-67　葡萄褐斑病叶片背面
危害前期的症状

图 7-68　葡萄褐斑病叶片背面
危害中后期的症状

图 7-69　葡萄褐斑病叶片
危害后期的症状

图 7-70　葡萄褐斑病对葡萄园的危害

[防治方法] 因地制宜采用棚架或双"十"字形架种植，结合绑蔓和疏花疏果，叶片尽量远离地面，减少地面病源菌接触的机会，降低发病概率。在加强田间管理的基础上，可采用80%的戊唑醇6000倍液、10%的苯醚甲环唑水分散粒剂1500倍液、50%的醚菌酯水分散粒剂3000倍液进行防治。在喷药时应注意喷洒基部叶片。

》》》 九、葡萄根癌病 《《《

葡萄根癌病是由根癌土壤杆菌引起的一种世界性病害。

[危害症状] 葡萄根癌菌是系统侵染，不但在靠近土壤的根部、靠近地面的枝蔓出现症状，还能在枝蔓和主根的任何位置发现病症。但主要发生在葡萄的根茎部、枝蔓上，形成大小不一的肿瘤，初期幼嫩，后期木质化，严重时整个根茎部变成一个大肿瘤（图7-71），或在枝蔓上形成到处都能见到大小不一的瘤。病树树势弱，生长迟缓，产量减少，寿命缩短，甚至死亡，严重影响葡萄的产量和品质。

图7-71 根癌病在2年生蔓上的危害症状

[防治方法] 该病害的防治主要以预防为主。首先不要选择林地，尤其患有根癌病的林地作为葡萄园。其次加强苗木检疫，不要从有根癌病的地区或苗圃（疫区）引进苗木。最后，因根癌菌以伤口作为唯一的侵染途径，所以栽培上要尽量减少伤口（图7-72），同时做好生长后期病害的防治，保障枝条的充分成熟和营养的充分储藏，并严防冻害发生，可以减轻该病害的发生程度。

对于初发病的植株，将枝蔓上的肿瘤及周围少量的健康组织刮掉，在伤口处涂抹5～10波美度的石硫合剂，然后用干净的报纸包裹好，该方法具有一定的治疗效果。总之，该病害发生后，除了通过加强肥水管理，增强树势，尽量延长结果年限外，目前尚无有效的治疗措施。

图 7-72 在枝蔓伤口处形成的肿囊

第三节 葡萄虫害

➤➤ 一、葡萄根瘤蚜 ◄◄

葡萄根瘤蚜是一种世界性的检疫对象，曾经对葡萄产业发达的欧美国家造成过毁灭性的灾害。我国部分地区已经发现葡萄根瘤蚜，并造成大面积毁园，必须提高警惕。

[危害症状] 葡萄根瘤蚜为严格的单食性害虫，它危害葡萄栽培品种时，美洲系和欧洲系品种的被害症状明显不同。危害美洲系品种时，它既能危害叶部，也能危害根部。叶部受害后在葡萄叶背形成许多粒状虫瘿，称为"叶瘿型"（图7-73）。根部受害时，以新生须根为主，也可危害主根，危害症状是在须根的端部形成小米粒大小、呈菱形的瘤状结（图7-74），在主根上形成较大的瘤状突起，称为"根瘤型"。危害欧亚种葡萄品种时，主要危害根部，症状与美洲系相似。但叶部一般不受害。在雨季根瘤常发生溃烂，并使皮层开裂、剥落，维管束遭到破坏，根部腐烂，严重影响水分和养分的吸收和运输。受害树体树势明显衰弱，提前黄叶（图7-75）、落叶，产量明显下降，严重时植株死亡。

[形态特征] 根瘤蚜分为根瘤型和叶瘿型，我国发现的均为根瘤型。根瘤型无翅成虫体长 1.2 ~ 1.5 毫米，长卵形，黄色或黄褐色，体背有许多黑色瘤状突起，上生 1 ~ 2 根刚毛；卵长 0.3 毫米左右，长椭圆形，黄色略有光泽；若虫浅黄色，卵圆形（图7-76）。

图 7-73　葡萄根瘤蚜危害
叶片形成的叶瘿

图 7-74　葡萄根瘤蚜对葡萄
根系的危害症状

图 7-75　葡萄根瘤蚜危害的巨峰
葡萄树表现出早期叶片黄化

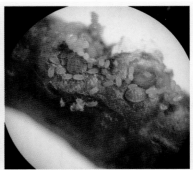

图 7-76　葡萄根瘤蚜的成虫、
若虫和卵

　　[防治方法]　葡萄根瘤蚜唯一的传播途径是苗木，首先，不要在已知发生葡萄根瘤蚜的地区购买葡萄苗木。其次，在购买苗木时要特别注意根系及所带泥土有无蚜卵、若虫和成虫，一旦发现，立即就地销毁。再次，对于未发现根瘤蚜的苗木也要严格消毒，其方法是：将苗木和枝条用50%的辛硫磷1500倍液或80%的敌敌畏乳剂1000～1500倍液浸泡10～15分钟。最后，在发病区建葡萄园时，采用抗根瘤蚜的砧木如SO4、5BB、抗砧3号等进行嫁接栽培，这是唯一有效的防治措施。目前，除了加强管理，延长结果年限外，尚无彻底有效的药剂治疗措施。

二、葡萄根结线虫

［危害症状］ 植株地上部表现为生长不良，叶片发黄，产量降低，果实着色不良，抗逆性差。地下部表现为幼嫩的吸收根或次生根上形成许多大小不等的瘤状体（图7-77），将瘤状体剖开后，可见内部有黄色或褐色的物质。根结线虫危害后期，这些瘤状体常发生溃烂（图7-78）。

图 7-77 葡萄根结线虫对葡萄 根系的初期危害症状　　　图 7-78 葡萄根结线虫危害葡萄 根系造成的根系溃烂

［防治方法］ 首先，不要在含有土壤根结线虫的地块建园，老果园和常年种植蔬菜的地块容易含有根结线虫。其次，不要到发生根结线虫的苗圃和公司购买葡萄苗木。再次，购买苗木时，要严格检查，坚决不购买带虫苗木。最后，对于发病葡萄园应加强肥水管理，增强树势，尽量延长结果年限，如果在该地块重新建园则应选择 SO4、5BB、抗砧 3 号等抗性砧木进行嫁接栽培。

三、浮尘子

浮尘子是叶蝉的俗称，在葡萄上二黄斑叶蝉和葡萄斑叶蝉较为常见。

［危害症状］ 浮尘子以成虫或若虫聚集在葡萄叶背刺吸汁液，被害叶正面出现褪绿的小白斑，随后多个小斑连成大的白斑（图7-79），严重时叶片苍白、焦枯。同时，浮尘子排泄出密密麻麻的褐色虫粪堆在叶片、果实上，直接影响果实的外观品质。

图7-79 浮尘子对葡萄叶片的危害症状

[形态特征]

(1) 斑叶蝉（图7-80） 成虫体长2.0~2.6毫米，加上翅长为2.9~3.3毫米，浅黄白色，头顶有2个明显的圆斑，复眼黑色。前胸背板前缘有几个浅褐色小斑点，小盾板前缘左右各有一个大的三角形黑纹，翅半透明，黄白色。若虫初孵时白色，老熟时黄白色，体长2毫米，胸部两侧可见明显的翅芽。卵乳白色，长椭圆形，稍弯曲，长0.6毫米。

图7-80 葡萄斑叶蝉

(2) 二黄斑叶蝉 成虫体长3毫米左右，头部和前胸浅黄色，复眼黑色或暗褐色，头顶前缘有2个黑褐色小斑，前胸背面前缘有3个黑褐色小斑点。前胸小盾板上有2个较大的黑褐色斑点，前翅表面暗褐色，后缘各有2个浅黄色的近半圆形的斑点，翅合拢后形成近圆形的浅黄色斑纹。成虫颜色会变化，越冬前为红褐色。

[防治方法] 冬季修剪后及时清除落叶、杂草，减少越冬虫源。生长期加强田间管理，及时引绑新梢，去除副梢，促使枝叶分布均匀、通风透光。要抓好一代若虫期的防治工作。药剂可选用50%的吡蚜酮水分散粒剂2000~3000倍液、70%的吡虫啉水分散粒剂3000~5000倍液、20%的啶虫

脒可溶粉剂 2000 倍液。由于该害虫具有受惊蹦飞的习性，常用的手动背负式喷雾器，往往不能将药液直接喷到虫体上，防治效果较差，应采用大功率的电动或汽油机喷雾机。

▶▶▶ 四、金龟子 ◀◀◀

危害葡萄的金龟子种类很多，常见的有苹毛金龟子、东方金龟子、铜绿金龟子、大黑金龟子、白星花金龟子、四纹丽金龟子和豆蓝金龟子。

[危害症状] 金龟子食性很杂，除危害葡萄外，还危害多种果树和林木，它们幼虫时期在土中啃食葡萄根系，叫蛴螬，成虫叫金龟子。苹毛金龟子、东方金龟子、铜绿金龟子、四纹丽金龟子主要吃叶，白星花金龟子吃果。

[形态特征]

（1）苹毛金龟子 又名长毛金龟子，成虫体长 10 毫米，头和胸部背面紫铜色，上有刻点，前腹部两侧有黄白色的毛丛，鞘翅茶褐色，半透明，有光泽，由鞘翅上可看出后翅折叠形成的 V 字形，腹端露出鞘翅之外（图 7-81）。

（2）东方金龟子 又名黑绒金龟子，成虫体长 6~8 毫米，黑色或黑褐色，无光泽，体上布满极短极密的茸毛（图 7-82）。

图 7-81 苹毛金龟子　　　　　图 7-82 东方金龟子

（3）铜绿金龟子 又名铜绿丽金龟子、青金龟子，成虫体长 18~20 毫米，头和胸部背面深绿色，胸背板两侧淡黄色，鞘翅铜绿色，有光泽，雌虫腹部末端腹面浅黄色，雄虫褐色（图 7-83）。

（4）白星花金龟子 成虫体长 22 毫米，灰黑至黑褐色，具有绿色或紫色光泽，头部前缘稍向上翻，前翅上有十余个白斑，前胸背板或鞘翅上布满许多小刻点（图 7-84）。

（5）四纹丽金龟子　又名日本金龟子，成虫体长 10～12 毫米，体宽 6～7 毫米，上下扁平，有金属色反光，头部、前胸、小盾片、足、腹部浓绿色，鞘翅黄褐色或浅紫铜色，外缘黑绿色，鞘翅有纵向隆背，腹部末短较尖，露翅鞘外面，臀板上有 2 撮圆形白色毛丛，腹节两侧各有 5 块白色毛丛（图 7-85）。

图 7-83　铜绿金龟子

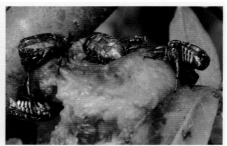
图 7-84　白星花金龟子

图 7-85　四纹丽金龟子

[防治方法]

（1）人工捕杀　白星花金龟子成虫在白天危害果实，且多是数头聚在果实上的坑洞内，因此有利于人工捕杀。据观察，该虫在白天活动时假死性不明显，一旦惊落地面后会立即飞走。在人工捕杀时，应乘其取食危害之际，迅速用塑料袋将害虫连同果实套进袋内，全部杀死。其他种类的金龟子多在傍晚或清晨取食叶片，可趁其取食时手工捕杀。

（2）用糖醋液诱杀　根据金龟子成虫对糖醋液趋性强的特点，按照糖醋液配制比例，即酒：水：糖：醋为 1∶2∶3∶4，加适量的杀虫剂，装入黄色或深色的玻璃瓶内，在害虫危害期悬挂在树上，每亩地放置 10 个左右，需要定期加水，防止瓶内药液挥发完。

（3）采用黑光灯诱杀 利用成虫的趋光性，采用黑光灯诱杀（图7-86）。

图7-86 依靠太阳能板提供电能的黑光灯

（4）药剂防治 对于金龟子发生严重的葡萄园，4月中旬于金龟子出土高峰期用50%的辛硫磷乳油或40%的乐斯本乳油等有机磷农药200倍液喷洒树盘土壤，能杀死大量出土成虫。同时用4.5%的高效氯氰菊酯乳油100倍液拌菠菜叶，撒于果树树冠下，每平方米3~4片叶，作为毒饵毒杀成虫，连续撒5~7天。

在成虫危害盛期，使用50%的辛硫磷乳油1000倍液、10%的吡虫啉可湿性粉剂1500倍液、40%的乐斯本乳油1000倍液、20%的灭多威2000倍液于傍晚喷洒叶片、树体和树盘土壤。

》》》 五、绿盲蝽 《《《

绿盲蝽是一种杂食性害虫，除危害棉花外，近年来该虫已成为葡萄上的主要害虫，其危害直接影响到葡萄的生长和结果。

［危害症状］ 被害幼叶最初出现细小黑褐色坏死斑点（图7-87），与黑痘病症状相似，叶长大后形成无数孔洞，严重时叶片扭曲皱缩（图7-88）；花序受害后，花蕾枯死脱落，危害严重时，花序变黄，停止发育，花蕾几乎全部脱落（图7-89），严重影响葡萄产量。幼果受害后，有的出现黑色坏死斑（图7-90），有的出现隆起的小疱，其果肉组织坏死，

大部分受害果脱落，严重影响产量，未脱落的果粒可以继续生长，但危害部位则发育成黑褐色或苍白色（图7-91），并且危害部位极易发生裂果。

图7-87　葡萄绿盲蝽对葡萄
幼叶的危害症状

图7-88　幼叶时被绿盲蝽危害后
形成的破碎和畸形叶片

图7-89　葡萄绿盲蝽危害
造成的花序退化

图7-90　葡萄绿盲蝽对葡萄
幼果的危害症状

图7-91　花蕾或幼果期被绿
盲蝽危害后发育成的果实

[形态特征] 绿盲蝽成虫体长约 5 毫米，绿色，前胸背板深绿色，上有小的刻点，前翅革质，大部为绿色，膜质部分为浅褐色（图 7-92）。卵长约 1 毫米，长口袋形，黄绿色，无附着物。若虫体为绿色，上有黑色细毛，触角浅黄色，足浅绿色（图 7-93）。

图 7-92 绿盲蝽成虫　　　　图 7-93 绿盲蝽若虫

[防治方法] 对于发生绿盲蝽的葡萄园，早春及时清除园内杂草，减少越冬卵，并在新梢长到 5 厘米左右时喷洒第一遍药剂进行防治，进入新梢生长期后再喷施一次药剂，开花前 3～5 天再进行 1 次药剂防治。有效药剂有：70% 的吡虫啉水分散粒剂 6000～8000 倍液、20% 的啶虫脒可溶粉剂 3000 倍液、4.5% 的高效氯氰菊酯乳油 2000 倍液。

【提示】 喷药要做到树上树下全喷到、喷严。在早春气温低时最好使用吡虫啉进行防治，啶虫脒在低温下效果较差。

▶▶▶ 六、棉铃虫 ◀◀◀

棉铃虫别名青虫、番茄蛀虫，属鳞翅目夜蛾科，全国均有分布，食性杂，寄主范围广，除危害葡萄外，还危害苹果、草莓、柑橘等果树及粮食、花卉等作物。

[危害症状] 棉铃虫主要以幼虫取食幼叶，造成叶片残缺不全，取食穗轴或果轴时造成部分果穗和果粒干枯死亡或脱落，取食幼果时在果实上蛀成孔洞（图 7-94），引起果粒腐烂，在天气潮湿或果实套袋的情况下造成整个果穗腐烂。

图7-94　棉铃虫对葡萄幼果的危害

[形态特征]　成虫体长1.5～1.8厘米，翅展2.7～8厘米，体色多变，一般雌成虫黄褐色或灰褐色，雄虫灰绿色。卵半球形，长0.5毫米，初生时乳白色，孵化前灰紫色，表面具网状纹。幼虫的老熟幼虫体长3.0～4.5厘米，体色多变，常见的为浅绿色、绿色或浅红色；头部具有黄色网状斑，生褐色小刺；体侧横线白色；背线2～4条；气孔多为白色（图7-95）。

图7-95　棉铃虫幼虫

[防治方法]　对于棉铃虫发生严重的葡萄园，每年的5～7月结合金龟子防控使用黑光灯诱杀成虫；幼果期使用25%的甲维·虫酰肼悬浮剂2000～3000倍液进行防治，果实套袋时使用5%的甲氨基阿维菌素苯甲酸盐4000倍液混合杀菌剂进行处理。对于危害严重的地区，可以选用韧性好、底部没有通气孔的果袋，避免棉铃虫蛀入或转移至果袋内；套袋后如有危害，可以使用4.5%的高效氯氰菊酯乳油2000倍液，用小喷雾器从果

袋下部的透气孔向内喷药处理。

七、葡萄透翅蛾

[危害症状] 该害虫以幼虫在葡萄蔓内蛀食危害，导致被害部增大增粗，并在蛀孔附近堆积大量褐色虫粪，蛀孔上部叶片发黄，果穗脱落，1年生枝蔓极易折断枯死（图7-96）。

图7-96 葡萄透翅蛾危害导致的葡萄果穗干枯

[形态特征] 成虫体长18~20厘米，翅展30~36毫米，全体蓝黑色，头顶、胸部两侧及腹部各节相连处呈橙黄色，腹部有3条黄色横带，前翅紫褐色，后翅透明。幼虫体长36毫米左右，呈圆桶状，头部红褐色，臀部乳黄色（图7-97），老熟时带有紫红色，前胸背板有倒八字纹（图7-98）。

图7-97 葡萄透翅蛾幼虫　　　图7-98 葡萄透翅蛾即将老化的幼虫

[防治方法] 结合冬剪，剪除被害枝蔓，集中焚烧，清除虫源。利用成虫的趋光性，在葡萄园内悬挂黑光灯进行诱杀，该方法可以和诱杀金龟子结合起来进行。在成虫期和幼虫孵化期每年的5月中旬至6月中旬，间隔10天连喷2~3次药剂进行防治，有效药剂有30%的安打水分散粒剂

3000倍液、5%的甲氨基阿维菌素苯甲酸盐4000倍液。进入七八月，要经常在田间走动观察，对于受害嫩梢，直接从蛀孔处附近剪截，找到幼虫并杀死；对于受害粗蔓，可用小刀将蛀孔削开，用注射器向孔内注入50倍液的50%敌敌畏乳油，注药后用泥土封堵。

八、斑衣蜡蝉

[危害症状]　该虫以成虫、若虫刺吸嫩叶、枝干汁液后，出现针尖大小的黄褐色斑点，随后造成叶片穿孔，甚至破裂，随后呈黑褐色多角形坏死斑点，最后叶肉变厚并向背面翻卷，枝条变为黑色。同时该虫排泄物污染叶面和枝干，常造成霉污病和其他霉菌的发生。

[形态特征]　成虫：雌成虫体长15~20毫米，翅展40~56毫米，雄成虫较小。复眼黑色，向两侧凸起，体被白色蜡粉，头颈向上翘起。触角3节，红色，基部膨大，前翅革质，基部浅褐色，有黑斑点20个左右，端部黑色，体翅常有粉状蜡粉（图7-99）。若虫初孵时呈白色，不久即变黑色，上有多个小白斑，足长头尖（图7-100），4龄后呈红色，上有多个黑点。

图7-99　斑衣蜡蝉成虫　　　　图7-100　斑衣蜡蝉幼虫

[防治方法]　建园时，应远离臭椿、苦楝等树种。在发现若虫或成虫危害时，可以使用70%的吡虫啉水分散粒剂6000~8000倍液、20%的啶虫脒可溶粉剂3000倍液、4.5%的高效氯氰菊酯乳油2000倍液进行防治。

九、远东盔蚧

[危害症状]　该虫以若虫和成虫刺吸枝叶和果实汁液，加上危害时排泄出无色黏液，招致蝇类吸食和霉菌发生，阻碍叶片的生理机能，导致枝

条衰弱甚至枯死。

[形态特征]　雌成虫呈黄褐色或红褐色，扁椭圆形，体长3.6~6.0毫米，宽3.0~5.5毫米，体背中央有4列纵排断续的凹陷，凹陷内外形成5条隆背，体背边缘呈横列的皱褶排列规则。雄成虫体长1.2~1.5毫米，体红褐色，头部红黑，触角丝状，前翅土黄色，腹部末端有2条较长的白色蜡丝（图7-101和图7-102）。

图7-101　远东盔蚧对老蔓的危害症状　　图7-102　远东盔蚧对葡萄果实
的危害症状

1~2龄若虫体长0.4~1.0毫米，扁平，黄或黄褐色，背面稍隆起，呈椭圆形，触角呈念珠状，足3对能爬行，尾末有2根白长毛。若虫越冬前变赤褐色，越冬后体背隆起，呈黄褐色，体边缘出现皱褶，褐色，体背面生长多根白色细毛，蜡线消失，分泌大量白色蜡粉。

[防治方法]　加强苗木检疫，不购买带虫苗木和接穗，不要用刺槐做防风林树种。冬季修剪后彻底清扫园地内的枯枝落叶和刮除下的多年生枝蔓上的老皮，集中深埋或焚烧。生长期抓住2个关键期：即4月上中旬虫体开始膨大时和5月下旬至6月上旬卵孵化时期，可以使用40%的杀扑磷乳油3000倍液或25%的噻虫嗪水分散粒剂2000~3000倍液进行防治。

▶▶▶ 十、康氏粉蚧 ◀◀◀

康氏粉蚧属于粉蚧科，别名桑粉蚧、梨粉蚧。

[危害症状]　若虫和雌成虫刺吸芽、叶、果实及根部的汁液，排泄蜜露，污染果面（图7-103）。嫩枝和根部受害时常肿胀，且易纵裂而枯死，幼果受害多成畸形果。

图7-103　康氏粉蚧对果实的危害症状

［形态特征］　雌成虫椭圆形，较扁平，体长3～5毫米，粉红色，体被白色蜡粉，体缘具17对白色蜡刺，腹部末端1对蜡刺几乎与体长相等。触角多为8节。腹裂1个，较大，椭圆形。肛环具6根肛环刺。臀瓣发达，其顶端生有1根臀瓣刺和几根长毛。多孔腺分布在虫体背、腹2面。刺孔群17对，体毛数量很多，分布在虫体背腹2面，沿背中线及其附近的体毛稍长。雄成虫体紫褐色，体长约1毫米，翅展约2毫米，翅1对，透明。若虫椭圆形，扁平，浅黄色（图7-104）。卵椭圆形，浅橙黄色，卵囊白色絮状。蛹浅紫色，长1.2毫米。

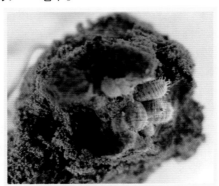

图7-104　康氏粉蚧若虫和成虫

［防治方法］　在发生较轻的葡萄园，采用人工剪除带虫枝条、用牙签刺杀，或用钢刷刷蔓等方法防治。对于发病较重的葡萄园，在若虫分散转移期，分泌蜡粉形成介壳之前喷洒40%的杀扑磷乳油3000倍液或25%的噻虫嗪水分散粒剂2000～3000倍液。另外，在葡萄展叶期用10%的氯氰菊酯乳油原药与黄油或机油混合后，每隔5天涂抹1次树干或结果母枝，连续涂抹4次可以有效防治该害虫。

十一、缺节瘿螨

[危害症状]　该虫主要危害叶片，以成螨、若螨在叶背面刺吸表皮细胞汁液，使叶片正面形成泡状凸起（图7-105）。叶背面长出一层很厚的茸毛，初为灰白色，所以又称之为"毛毡病"（图7-106）。随后变为茶褐色，直至暗褐色，受害严重时，病叶皱缩变厚变硬，叶表面凹凸不平，有时干枯破裂。有时该虫也危害嫩梢（图7-107）、幼果、卷须和花梗等。

图 7-105　缺节瘿螨危害葡萄　　　　图 7-106　缺节瘿螨危害葡萄
　　　叶片正面的症状　　　　　　　　　　叶片背面的症状

图 7-107　新梢幼叶受害状

[形态特征]　成虫体长 0.1～0.3 毫米，近头部有 2 对足，腹部细长，尾部两侧有刚毛 2 根。卵为椭圆形，浅黄色。

[防治方法]　发生该虫害的葡萄园，应在冬季修剪后彻底清园，刮除老皮，集中焚烧，清除越冬螨。在病害较轻的葡萄园，一旦发现受害叶片，应及时摘除销毁，防止害螨繁殖扩散。受害重的果园，可喷15%的哒螨灵乳油2000倍液、30%的四螨·联苯肼悬浮剂2000倍液进行防治。对于购买来的苗木、插条、接穗，可用30～40℃的温水浸5～7分钟，然后再移入50℃温水中浸5～7分钟，可杀死潜伏螨。

十二、食叶类害虫

[虫害种类]　目前葡萄常见的食叶类害虫主要有美国白蛾（图7-108）、甜菜夜蛾（图7-109）、棉铃虫（图7-110）、星毛虫（图7-111）等，主要取食葡萄幼叶，造成葡萄叶片残缺不全，影响新梢生长。以前这些害虫很少危害葡萄，近年来则有逐年加重的趋势。

图7-108　美国白蛾

图7-109　甜菜夜蛾

图7-110　棉铃虫

图7-111　葡萄星毛虫

[防治方法]　一旦在葡萄园发现其危害，立即使用25%的甲维·虫酰肼悬浮剂2000～3000倍液或5%的甲氨基阿维菌素苯甲酸盐4000倍液进行防治，一定要在幼龄阶段将其防治住。

最后需要强调的是，在葡萄园防治病虫害的过程中，一定要使用强劲的喷药机械。手动或电动的背负式喷雾器只适合葡萄萌芽到新梢长到30厘